科学 是直觉吗

如何用科学思维理解世界

[奥]弗洛里安·艾格纳 著

郑艾琳 译

FLORIAN AIGNER

DIE
SCHWERKRAFT
IST KEIN
BAUCHGEFÜHL

海南出版社
·海口·

Die Schwerkraft ist kein Bauchgefühl: Eine Liebeserklärung an die Wissenschaft

By Florian Aigner

Copyright © 2020 by Christian Brandstätter Verlag, Wien

Simplified Chinese translation copyright © 2025 by United Sky (Beijing) New Media Co., Ltd.

All rights reserved.

著作权合同登记号 图字：30-2025-006号

图书在版编目（CIP）数据

科学是直觉吗？ ：如何用科学思维理解世界 / （奥）弗洛里安·艾格纳著；郑艾琳译. -- 海口：海南出版社，2025. 5. --（科学思维脱口秀）. -- ISBN 978-7-5730-2373-5

Ⅰ . B804-49

中国国家版本馆CIP数据核字第202527UG66号

科学是直觉吗？ ——如何用科学思维理解世界
KEXUE SHI ZHIJUE MA? ——RUHE YONG KEXUE SIWEI LIJIE SHIJIE

［奥］弗洛里安·艾格纳 著 郑艾琳 译

责任编辑：	项楠 宋佳明
执行编辑：	戴慧汝
封面设计：	沉清 Evechan
出版发行：	海南出版社
地 址：	海南省海口市金盘开发区建设三横路2号
邮 编：	570216
电 话：	（0898）66822026
印 刷：	北京联兴盛业印刷股份有限公司
版 次：	2025年5月第1版
印 次：	2025年5月第1次印刷
开 本：	880 mm × 1230 mm 1/32
印 张：	7
字 数：	141千字
书 号：	ISBN 978-7-5730-2373-5
定 价：	48.00元

关注未读好书

未读 CLUB
会员服务平台

目录

引言

　　我们能够知道什么？我们应该相信什么？在这个混乱的世界里，有什么是我们真正可以信任的？在接下来的这场科学之旅中，我们会接触一些重要的理念，它们可以帮助我们减少谬误。

　　科学一定是正确的，但直觉不一定是——每当我们遇到与科学有关的事情时，直觉就会这样对我们说。但是，当直觉告诉我们直觉并不可靠时，我们还能相信它吗？

　　我们现在比以往任何时候都更了解这个世界，但与此同时，在这个世界上散播的无稽之谈也比以往更多。我们研究了构成物质的最小粒子，也探索过浩瀚宇宙中的最大结构。我们将人类送上了月球，并治愈了许多以前人们口中的绝症。科学聪明地证明了自己的作用。尽管如此，但人类仍然对科学抱有一丝奇怪的敌意，这种敌意似乎还在蔓延。

　　尽管所有证据都摆在了面前，但仍有人坚信"地平说"，有人不相信全球会变暖，还有人认为所有在地球上流行过的病毒都是药企发明出来的，他们把重要的卫生规定与压迫混为一谈，并将疫苗接种视为威胁。

政客喜欢用"假新闻"对不认同的事盖棺论定。唯利是图者会兜售所谓"脉轮平衡水晶"和"数字护身符"等无用之物。阴谋论者会用凶残的外星人、邪恶的秘密组织和危险的辐射杀手来恐吓他人。

我们身边充斥着纷繁复杂的信息，使分辨真知和假话变得困难。在这个不确定的时代，学会分辨比以往任何时候都更重要。

在这个复杂的世界中，我们必须了解一些重要的问题：我们究竟可以信任什么？我们能够知道什么？我们应该相信什么？

没有人能掌握完美的真相，但这不重要，因为我们有科学。它是一系列巧妙方法、理论和观点的集合，能帮助我们解决问题。科学高于个人的思想。科学是正确的，即便你不相信它。科学是所有人可以信任的事物——我想在这本书中说服你相信这一点。

作为一名物理学家，我的科学观自然受到物理学的影响，尽管我也关注其他的科学学科。当然，没有一本书能够勾勒出完整的科学画像。在读完这本书时，我希望你能够明白，为什么用一种精确而普遍适用的方式来定义科学完全不是这本书的主旨。相反，这是一场在清晰思考的世界中的冒险。我们将了解杰出的理念和令人窒息的谬误，我们将讨论伟大的科学革命和令人震惊的错误。这场冒险涉及胜利和绝望、遥远星球的发现和长着翅膀的独角兽、浅蓝色的乌鸦和致命的药物。让我们踏上旅程，寻找我们真正可以信任的事物。

弗洛里安·安格纳

第一章

是科学还是直觉?

为什么我们不能相信自己的直觉?

为什么理性的人会受到欺骗?

为什么最无知的人却认为自己最聪明?

我们必须能够区分直觉和科学,否则便无法与他人进行理性的讨论。

每个愚蠢的行为、每个历史错误、每个错误的判断都可能源于一个微不足道的想法,当它出现时,我们并不会觉得它有多糟。我们思考得越多,出现的错误就可能越多。"我们可以相信自己的大脑"——这种想法只会出现在我们的大脑中。

也许我们应该干脆相信自己的身体感觉?毕竟胃疼不会骗人。难怪许多人更愿意相信自己的内心、直觉或者太阳轮[1],而非逻辑。

1　印度教瑜伽理论中的第三个主要脉轮,梵文名是 Manipura,意思是"宝石所在地",也叫"太阳神经丛轮"。因为它像太阳一样闪烁着光辉,是一个发光发热的能量中心,也是一般所称的"力量中心"。——译者

通常来说，相信直觉并不愚蠢。我们的直觉非常了不起：只要和新同事闲聊几分钟，我们就能获得关于能否和他处得来的非常可靠的直觉。无须使用生化测量仪器，只要尝一口汤，我们就能意识到加一些香菜，汤的味道会更好。不需要借助数学公式进行准确的计算，我们也能知道，姑妈是否会因为收到量子物理学教科书作为生日礼物而感到开心。

在日常生活中，我们并不会通过罗列所有事实、明确分类和理性斟酌来做决定。相反，我们会把对世界的一知半解搅成一锅不一定正确的"大杂烩"，并以不太清晰的方式从中得出一个结论。令人惊讶的是，我们得出的结论经常都是正确的。

和理智地思考一样，直觉也是一种智慧的形式。它是一种伟大的机制，帮助我们只需借助非常少的信息就能在很短的时间内做出绝佳的决定。

人类的进化证明了直觉的作用：经过一代代的进化，我们的祖先能够以还算合理的方式，通过直觉对日常生活中诸多混乱的事物进行处理，这使他们拥有了更大的生存概率。相比之下，在人类的进化史中，科学上的准确性大都毫无用处。

想象一下：数十万年前，我们的祖先在长途跋涉后筋疲力尽地坐在树下。突然，灌木丛中传来一阵窸窣声，一只饥饿的大型猫科动物跳了出来，咬住一人并把他拖走。剩下的人只能怀着对大型猫科动物的恐惧，战战兢兢地继续前行。第二天，他们再次在森林里落脚，恰巧的是，他们再次听到灌木丛中传来了窸窣声。于是，他们慌忙跳起并逃跑——这种反应完全出于直觉，没有太多的思考过程。

第一章 是科学还是直觉?

　　如果这些人之中有一位科学家,他可能会说:"各位少安毋躁!不要只相信直觉。现在证据非常单薄,单次观察无法得出可靠的理论。在仓促地做出决定之前,我们应该通过大量的实验仔细研究,直到能够证明丛林中的窸窣声和威胁生命的猫科动物之间存在数据可验证的关联。"

　　毫无疑问,这位史前科学家会被野兽吃掉。理论上,他的观点是正确的,但不实用。难怪进化并没有赋予人类科学精确的思维能力。

　　我们应该为拥有良好的直觉而感恩,不过也要明确一件事:直觉并不可靠,至少并不总是可靠的。直觉能够避免我们去"摸老虎的屁股",但也告诉我们,酒精能带来快乐,因此并不危险。直觉还告诉我们,在赌场,如果轮盘已经连续5次转出黑色,那么下次肯定会出现红色……有时我们的直觉非常愚蠢。

　　如今的世界与史前的世界完全不同:我们不再生活在简单的群体中,而是一个全球互联的共同体中;我们害怕的不再是掠食者,而是银行账户里的负数;我们不再研究取火的最佳方式,而是研究构成物质的最小结构、我们身体的分子生物特征以及宇宙中的最大结构。

我们今天思考的问题是我们祖先从来没有想过的。然而,我们的基因、天生的能力和直觉已经适应了我们祖先的世界。人类的文化史仅有数千年,将其放在进化的时间轴中,这段历史微不足道。因此,对于直觉已不足以应对这个用文化、技术和科学构筑的极度复杂的世界的事实,我们不必过于惊讶。

这并不糟糕。人类总是在寻找方法,以发展后天的能力。我们无法徒手修好腕表,也无法直接用手指来实施一场膝关节手术,通过接触来判断一条电线是否通电也不是一个好主意。正是为了处理这些事务,我们发明了工具。

对直觉来说,道理是同样的。直觉完全不适合用来评估药效,于是出现了临床研究等方法;直觉无法帮助我们了解宇宙的奥秘,于是出现了望远镜和数学公式。我们也许能够靠直觉判断下午是否会下雨,然而,气象学的模拟计算显然更准确。

在很多情况下,我们需要一种比直觉更准确的东西。正因如此,我们发展出了科学。就像使用镊子做手术更精准一样,运用科学可以让思维更精准。

直觉挑战:被扭曲的时空

科学有时候甚至带给我们与直觉极为矛盾的观点。一个非常好的例子便是阿尔伯特·爱因斯坦(Albert Einstein)的广义相对论。

爱因斯坦致力于研究最古老的物理学奥秘之一——重力。我们已经对此产生了一种非常好的直觉：如果将一颗樱桃核吐出窗外，它会飞向空中并划出一条抛物线，最终落到地上。不幸被砸中的人会立即靠直觉得出结论：樱桃核肯定是从上面掉下来的。

然而，爱因斯坦关于重力的想法更复杂，他研究的是一套全新的时空理论。早在1905年，他就指出时间与空间是一体的。严格来说，我们不能将时间和空间分割开来，它们组成了四维时空。我们的直觉完全无法理解这样的理论：空间和时间于我们而言是两个完全不同的事物。不过，爱因斯坦的理念更激进：他认为时空被扭曲了。在外太空，樱桃核会保持直线运动。而在地球上，由于物质扭曲了时空，樱桃核会沿着被扭曲的移动轨迹运动。

显然，"扭曲时空"不是被想象出来的，没人能想象出这个观点，即使是爱因斯坦也不能。人类的大脑不是为相对论而生的。不过没关系，因为相对论是用数学语言写成的，我们可以跟着数学规则走，不用靠想象力。

然而，攻克广义相对论所需要的数学知识是非常复杂的。爱因斯坦在这个问题上耗费了多年时光，经常被逼得接近绝望，原因在于他无法找到地心引力和时空扭曲的关键公式。不过，随着时间的推移，爱因斯坦越来越理解该公式必须具备的特征。1915年秋，他感觉自己即将取得突破。

苦心致力于揭开相对论谜底的不只有爱因斯坦，彼时全球最负盛名的数学家戴维·希尔伯特（David Hilbert）也在研究这个问题。1915

年夏，爱因斯坦到哥廷根大学拜访希尔伯特，就最新研究状况进行报告。两位科学家都对彼此的想法感到震撼。爱因斯坦意识到，他必须加快速度，以赶在希尔伯特前面公布他的广义相对论。

爱因斯坦没有时间对他的理念进行充分思考。1915年11月，他公布了广义相对论的初版，其中仍包含重大的错误。希尔伯特邀请爱因斯坦再次前往哥廷根大学，希望与他分享自己的想法，但爱因斯坦以胃疼为由拒绝了邀请，并待在柏林的家里。实际上，他仍在疯狂地研究着自己的公式。

答案是43

成果来得有点儿突然。某一天，爱因斯坦一直以来寻找的答案出现了：43。水星轨道每个世纪会移动43角秒[1]。这颗行星围绕太阳沿着椭圆轨迹运行，但是轨道的长轴本身也绕着太阳缓慢运动，像是缓慢走动的宇宙指针。天文学家早已观测到这种奇怪的现象，但无人能够解释它。通过爱因斯坦的新公式，水星这种奇怪的、不规则的运动轨迹首次被计算出来，并且计算结果与观测结果非常吻合。

1915年11月25日，爱因斯坦公布了广义相对论的关键公式，即"爱因斯坦场方程"。希尔伯特后来也推导出了相同的公式，但爱因斯坦快了一步。

1　量度角度的单位，又称"弧秒"，是角分的1/60。"角秒"二字只限用于描述角度，不能于其他以"秒"作单位的情况使用（如时间）。——译者

爱因斯坦冲击直觉的疯狂理论被证明、证实和普遍认可了吗？当然没有。如果有人公开提出像"被引力扭曲的四维时空"这样令人震惊的论点，他就必须给出让人信服的证据。计算出水星轨道的移动只是一次成功，这还远远不够。

不久，人们开始讨论一种检验相对论的有趣的方法：当我们在天空中看到一颗星星，它的光应该保持笔直的运动轨迹射向我们，直到进入我们的眼睛。然而，当这道光的旁边出现了像太阳这样更大、更重的东西时，情况便有所不同。如果广义相对论是正确的，那么空间将被太阳扭曲，光线也会受到影响。这意味着，我们看到星星在太阳旁边，但实际位置与我们看到的有些许不同。因此，不同于晚上看到的未被扭曲的星群，我们在白天看到的太阳附近的星群应该稍微被扭曲了。

尽管这是一种美好的、合理的、明确的预测，但是我们很难用试验准确地检验它，因为我们在白天几乎看不到星星。想要测量出太阳旁边星星的准确位置，如同想要在淹没一切的电钻噪声中听到老鼠的吱吱声一样希望渺茫。

然而，有人借助一种不可思议的、幸运的天文现象解决了这个问题：我们碰巧生活在少数几个可能出现日全食的星球之一。通过一种纯粹的巧合，月球恰好能够完全遮住太阳，但太阳旁边的一些星星会露出来。如果对物理感兴趣的外星人也提出了广义相对论，他们可能如今还在沉思，如何优雅地测量出星光的扭曲。而在地球上，我们只需要等待日全食。

　　终于，1919年，一场日全食将在南半球出现。英国天文学家亚瑟·斯坦利·爱丁顿（Arthur Stanley Eddington）决定弄清光线扭曲问题，于是他策划了两场考察旅行。爱丁顿自己带队前往几内亚湾的普林西比岛，另一个小队踏上前往巴西的旅程。日食当天，月球逐渐遮住了太阳，从南美洲到非洲，人们都观察到了该现象，考察队细致地拍下被月球遮住的太阳和未被遮住的星群。虽然测量的准确性有限，但经过细致的分析和评估，爱丁顿宣布了一个乐观的结果：星光确实被扭曲了，爱因斯坦的广义相对论被证实。

　　这是科学界一场罕见的胜利，全世界都在报道这一轰动事件。1919年11月10日，《纽约时报》发表题为"天空的光全部被移动"的头条新闻。从那天起，爱因斯坦不再只是一名伟大的理论学者，而是科学史上的首位明星。

　　我们可以从广义相对论的故事中学习到许多科学运作的原理。每个新出现的自然科学理论必须符合某个早已为人所知的结果。但这还不够，它还必须提供关于自然的新观点，而这个观点可以通过特定观测得到验证。当这个理论一再被证明有用，并且可以准确预测测量结果时，明智的做法就是相信这个理论，尽管它听起来很奇怪。

　　此外，我们也可以从故事中了解到，科学家并非十全十美。即使是世界上最聪明的人也会对复杂的数学感到绝望。他们会发布错误的结果，或者因为想要比竞争对手更快达成目标而撒谎。从道德层面上看，他们或许不应该这样做，但最终的结果是好的。

　　广义相对论的故事还告诉我们，仅凭直觉，科学家无法在科学道路上走得更远。当涉及复杂的物理理论或现象时，直觉就不灵光了。相对论乍一看是疯狂的：空间和时间可以被扭曲，穿过外太空的光线也会被扭曲。这听起来就像是一个烧错香、拜错神的神棍在胡说八道。我们真的应该相信它吗？

是的，我们应该相信。科学事实与我们喜欢与否无关，它无须符合我们的直觉。事实就是事实。科学不是直觉。

"自我感觉良好"综合征

我们必须知道在哪些情况下可以信任自己的直觉，哪些情况下不能。然而，我们能够依据直觉准确地判断直觉的可靠性吗？这件事很复杂。我们很难进行正确的自我评估。

如果让你根据智力对所有人进行排名，你会把自己放在哪个位置？是最聪明的那1/3里，还是最优秀的那3%里？要是让你根据其他特质进行排名呢？比如幽默感，或者区分可靠信息和胡言乱语的能力。几乎每个人都认为自己比大多数其他人厉害。但如果90%的人都将自己归入最好的10%，那肯定有哪里不对劲。无须对那90%的人进行统计，我们就能认识到这个问题。

显而易见，当与其他人比较时，我们经常高估自己的能力。这种现象被称为"邓宁－克鲁格效应"，以心理学家戴维·邓宁（David Dunning）和贾斯汀·克鲁格（Justin Kruger）的名字命名。两人在1999年发表了针对该现象的实验记录。

邓宁和克鲁格给实验对象分发了不同的任务，比如进行逻辑或语法测试。随后，实验对象被要求预测自己的测试分数。令人惊讶的是，很多人的打分与真实的成绩相去甚远。在成绩最差的实验对象中，许多人认为自己的成绩非常优秀。虽然那些成绩最好的实验对象也给自己打了高分，但他们的真实成绩比自己以为的更好。

接下来，实验对象被要求给其他人打分。成绩越好的人，就越能正确地评估其他人的答案。这并不意外。如果有人大字不识一个，那么他肯定不是一位优秀的文学评论家。如果有人一看到两位以上的数字就感到头疼，那么他应该当不了审计员。

接下来是整个实验最有趣的一个步骤。在看过其他人的答案并给他们打完分后，实验对象被再次要求给自己打分。那些成绩极其优秀的实验对象已经认识到，多数人的成绩不如他们，因此会调高对自我的评估。相反，那些成绩不佳的实验对象由于基本无法从外部结果中获得更多的信息，还是会过于乐观地评估自己的成绩。

这就是邓宁－克鲁格效应：要想正确评判自己是否擅长做某件事，就必须擅长做这件事。你评估成绩所需要的技能恰恰就是你获得成绩所需要的技能。因此，要想让那些最无知、最无能且最不称职的人认识到自己的无能是极为困难的。

你如果想要让某人知道自己在某方面能力不足，就必须确保他会去学习并掌握这种能力。邓宁和克鲁格向那些在逻辑测试中表现糟糕的人提供逻辑指导，他们的成绩会变好，但是他们对自己的评估会下降。这是因为学习让他们更好地认识到自身的不足。

我们之前可能都有这种苦涩的经历，不过是在完全不同的领域。例如，你买了一把吉他，弹出了第一个和弦。你非常激动并毫不怀疑，自己成为世界瞩目的巨星肯定只是时间问题。然而，随着你继续练习，训练听觉，逐渐体会到这种乐器的精妙之处，并认识到专业人士的弹奏完全是另一回事。虽然你的弹奏能力正不断变强，但是你对自己的评价却在降低。

科学领域也是一样的。兴致勃勃的业余研究者找到一本关于相对论的书，突然坚信自己能够反驳爱因斯坦。乐观的神秘主义者去周末研讨会进行兼职心灵疗愈师的相关培训，然后认为自己可以否定医学。热心的汽修爱好者坚信，只需一点儿润滑油和技巧自己就能把一台发动机改造成永动机。如果自然规律与自己的想法相悖，那么是不是找一条新的自然规律就万事大吉了？

他们都是邓宁－克鲁格效应的"受害者"。他们缺少必需的科学认知，因此无法意识到自己对科学知之甚少。最好的情况是，他们学习相关知识并在某个时刻认识到，作为个体，他们无法撼动科学。最糟糕的情况是，他们一直自视过高，然后故作神秘地度过自信但毫无科学建树的一生。

科学让争辩更容易

如果有些人无法区分或者完全不想区分科学和直觉，这重要吗？对科学而言，是否有人幻想出什么理论来替代科学完全无所谓。无论你是否相信,科学就是真理。如果有人迫切地想要证明地球是平的,或者接受微妙的灵气按摩能让人保持健康,抑或地球是在6000年前被神创造的,我们难道不应该一笑置之吗?毕竟他们没有伤害其他人。

　　事情没有这么简单。只有当所有人都遵守合乎逻辑、理性的基本规则,人类才能够和平共存。我们如果希望共同解决问题,那么必须首先就可以接受哪些论点基本达成一致。

　　必须在游戏开始之前确定游戏规则。如果在网球比赛中有人举起球拍威胁对手丢球,那么他不会获得任何分数。这样的动作也许能让他达到目的,但在网球比赛中它不能被广泛接受。

　　民主辩论也是这样。我们必须区分建设性意见和无意义的破坏行为。当我们讨论是否应当禁止在农业生产中使用特定杀虫剂时,生物化学分析和生态研究都是可靠论据。然而,如果有人告诉我们,他通过跨星系的心灵感应从一只外星洞螈那里获得一个关于杀虫剂的终极真理,那么我们不太可能将其作为可接受的观点。

我们经常会遇到这类问题。有些论调实际上不应该作为论据出现在一场有意义的讨论中。一些人称:"必须禁止这种错误论调,它根本不合适这个场合。"另一些人则回应道:"《圣经》里就有这句话。"有人试图通过制造恐慌来获得选票,有人则忽视事实,在竞选演讲中向听众抛出虚假的数字。这个人认为道德站在他这一边,因为他在虔诚的祈祷中获得启发;那个人则声称自己属于优等民族,天生有权统治世界。所有人都认为自己无比正确,但我们并不认同这一点。

有些观点拥有牢固的基础,并且可以通过事实验证。有些观点只是一种模糊的感觉。还有一些观点只是罔顾事实的胡言乱语。只有当我们能够对这些观点加以区分时,民主才会发挥作用。为此,我们需要科学。

然而,科学也不意味着自信地宣布其他人必须相信某个事物。过早地相信我们已经达成目标会阻碍我们寻找真相。我们必须认识到自己还未认清的全部事实。我们必须了解,还有很多我们有待掌握的知识。只有这样,我们才能寻找适用于所有人、所有地域、任何年代的科学真理。科学就是寻找我们都能信任的东西。

第二章

绝对正确的学科

为什么会存在没人能够反驳的真理?

如何让无限多的客人住进已经客满的旅馆?

一名印度天才如何得出惊人的公式?

这就是逻辑的非凡力量。

英国自然科学家威廉·巴克兰（William Buckland）号称遍尝万物。一天，他在一座教堂里看到了一处奇怪的血迹。据说一名圣徒死于该处，此后这块血迹每晚都会出现。巴克兰跪下，舔舐那块血迹，然后得出结论："这不是血，是蝙蝠的尿液。"遍尝万物，巴克兰没有说大话。

在进行自然科学研究时，我们总是依赖自己的感官印象。感官印象并不总是美好的，但是只有通过细致的观察，我们才能对这个世界有所了解。遗憾的是，这经常导致意见分歧：一个人认为某个东西是圣人的血迹，而勇敢的品鉴专家则有完全不同的看法。

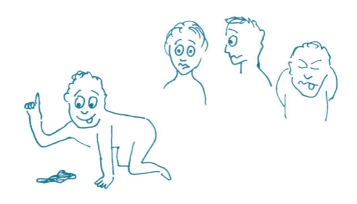

　　世界上只有一种科学可以避免分歧：数学。所有其他科学都要在我们的脑海中建立一个简化的世界图像，但数学不是这样。无论真理与现实是否存在关联，数学本身都是有价值的、真实的。

　　在数学领域，我们不会进行可能出现错误的测量，不会设计需要费劲解释结果的实验，也不会为了见证新的数学现象而计划考察项目。数学不是描述事情是什么样的，而是研究事情可能是什么样的以及肯定是什么样的。

　　正因如此，数学能够拥有最高的可信度。能用数学证明的事，一定是正确的。数学是毋庸置疑的。我们如果想要知道自己能够信任什么，就必须从"科学论证之母"——数学开始。

非此即彼的绝对正确

　　当然，其他科学中也存在绝对可靠的知识，比如扔出窗外的东西会在重力的影响下向下运动，氧气对哺乳动物而言必不可少，燃油不适合作为狗粮……我们基本不会质疑这些说法。如果你对上述观点仍然抱有疑虑，那么你至少不会质疑为什么邻居不把他的狗放在你家照顾。

只有数学中存在完全清晰的逻辑。如果两个人得出相反的结果，那一定出了什么问题。如果3+8=12，那它就不可能等于18。数学可能会出现不止一种错误，但正确答案只有一种。

我们会记错，我们会算错，我们会被自己的想法绊倒。然而，我们的思维不会脱离逻辑：如果我每隔一天就要给花浇水，并且我昨天没有浇水，那么我今天肯定会浇水。这是符合逻辑的。我们不太可能怀疑这个结果，也很难有其他的联想。

当然，我可以质疑这里的设定：这些花是不是每隔一天就要浇水，我可能昨天忘了浇水，或者我因为精神错乱而不承认我养了花。但是，只要我接受了前提条件，我得出的结论就是今天要浇花。这在数学上是毋庸置疑的。没人能反驳这一点，我们也得不出其他的结论。

在其他学科中，情况是不同的。想象一个没有重力的世界，我们很容易就能意识到，要用钩子将自己固定在地面上以免飘到太空中的日常生活会多么不方便。我们也很容易就能想到，如果宇宙只是由相互排斥的带负电荷的粒子组成，那么整个宇宙不过是一团随时会爆炸的粒子云，粒子会无情地彼此远离，不会产生任何有趣的东西，如分子、花盆或行星。但是，我们无法想象有这样一个宇宙，在那里2+3=7，三角形有4个角，y既大于x又小于x。

如果某件事自相矛盾且不符合逻辑，那么它不仅不可能存在于我们所处的宇宙，而且不可能存在于我们的思维中。我们甚至根据这一点给数学下定义：数学研究一切可被思考之物。被数学证实的东西不一定都存在于我们的世界里，但与数学矛盾的东西不可能是真的。数学是思考可能性的科学。

公理：正确思维的起点

于是，数学成为将人类联结起来的神奇事物。无论来自哪个文化圈，持什么政治观点，说什么语言，使用什么文字，我们都可以就数学命题达成一致。一个数学命题可以根据数学规则延伸出我们一致认同的其他数学命题。我们将可靠的真理联结起来，逐步编织出一张不可辩驳的真理网。

不过，在这样做的时候，我们必须问一问自己：这张网络的根基在哪里？最初有哪些真理？是否存在可延伸出所有其他真理的基础真理？小孩子经常会问为什么：为什么不能把仓鼠泡在浴缸里？为什么它会死？为什么它的肺里积满水就会一命呜呼？为什么它需要氧气？在某个时刻，他们连珠炮般的提问会结束。在某个时刻，即便是最有耐心的父母也会放弃并说道："没有为什么，事情就是这样。"

科学也是如此。我们可以不停追问，直到无法得到更基础的论证，这种无法再追溯原因的正确观点通常被称为"公理"。一个好的公理简单而明确，每个人都会将其作为普遍真理并接受它。当你遇到了一些明显正确的结论，不再想要问"为什么"时，这就意味着你找到了可以构建更多论点的坚实基础。

公理，或者说普遍真理，在数学中尤其重要。公元前300年前后，希腊科学家欧几里得（Euclid）撰写了整个科学史上最重要的作品之一——《几何原本》。他希望简洁明了地、有逻辑地介绍当时的几何和数理学知识。自此，人类生活的方方面面几乎都发生了变化。我们如今对政治、道德或者宇宙的看法与欧几里得时代的人们完全不同。不过，他在《几何原本》中总结的当时关于点、线、面，以及三角形的真理在如今仍然适用。它们是绝对正确的，尽管在欧几里得之后其他人发现了更复杂的真理。

正如在开始建造房屋前先要打好稳固的地基一样，欧几里得在《几何原本》的开篇就阐述了重要的公理：直线没有宽度。所有直角都相等。任意两点之间可以画一条直线。它们都非常清晰，无须进一步论证。欧几里得随后使用这些公理逐步引出几何学。他告诉我们如何构建等边三角形，介绍如何将角或长度一分为二，证明每个三角形中最长的边对应最大的角。

欧几里得撰写了一部具有诗歌般魔力的作品。其论证的顺序是经过巧妙构思的，这样每一步论证只需援引之前已经介绍过的知识。就像在建造房屋时要逐层砌砖块一样，欧几里得一句一句地添加公理，直到一个由一系列无可争辩的数学真理组成的复杂结构成形。

公理可能看似简单，且没有大用处。看到"任意两点之间可以画一条直线"这种平平无奇的结论不会让我们觉得学到了新知识。然而，只需短短几步，欧几里得就可以将这些简单的公理组合成我们在学校学到的重要定理，比如勾股定理。直到现在，《几何原本》仍然是世界上最重要、使用最广泛的科学教科书。

从 0 到 ∞

既然建立在不容置疑的公理之上的逻辑推理方法在几何证明中有如此优越的表现，那么在其他领域尝试这种方法也应该收获不错的效果。意大利数学家朱塞佩·皮亚诺（Giuseppe Peano）就这样做了。当时，他正为自然数理论寻找坚固的逻辑基础。这听起来可能有点儿奇怪：自然数要理论干什么？它们不就在那里吗？难道它们不是不证自明的吗？

我们在孩童时期就接触到了自然数。浴缸里的 4 只泰迪熊和奶奶沙发上的 4 处巧克力污渍是截然不同的东西，但是它们也有共同之处：数量都是 4。它们都有 "4" 这个数量特点。有些词可以表示事物的数量。至于是什么事物？这不重要。

一旦我们理解了这点，其他的一切就很简单了。沙发上还可以有 1 处、2 处、3 处巧克力污渍，有多少处都可以。但经过一场大扫除后，沙发上的巧克力污渍就变成了 0 处。0 是一个非常特殊的数字，它描述的是 "无" 的数量。

我们经常和自然数打交道，因此几乎不会去思考这些自然数的基本组成。为什么我们能够信任它们？一个概念必须拥有什么特点才能被称为"自然数"？皮亚诺在1889年提出，人们可以用五条公理来构建自然数理论。皮亚诺公理[1]是科学中最清晰、最基础的真理之一。

第一条公理只是下了一个定义："0是自然数。"第二条公理说的是自然数的结构："任一自然数都有唯一自然数为后继数。"当然，后继数后面也跟着一个后继数。这意味着存在一条永无止境的自然数链。那么，自然数链是怎样开始的呢？第三条公理表示："0不是任何自然数的后继数。"在这里，0的角色就很特殊了。它是自然数链的起点。

第四条公理还是在介绍自然数的结构："没有两个相异的自然数有同一后继数。"如果8出现在7的后面，这意味着，8前面的数字不会是7以外的其他数字。这一点很重要，否则8可能会出现在11后面，自然数链可能会出现循环，除了0到11之外不再出现其他数字。

自然数链不能出现循环或者节点，它是一个数字紧跟另一个数字的整齐的序列。现在我们还知道，自然数链没有尽头，包含无穷多的数。第五条公理确保自然数是适用这些公理的最小集合。这样一来，不存在这条无穷的自然数链触及不到的其他自然数。

我们都认同这些公理。在此之上，我们可以逐步对一整套数字理论下定义：加法、乘法、质数……如果我们用一个较小的数减去一个较大的数，就会得到一种新的数字类型：负数。我们可以用整数组成

1　皮亚诺实际提出的五条公理为：1是自然数；任一自然数都有唯一自然数为后继数；1不是任何自然数的后继数；没有两个相异的自然数有同一后继数；如果1具有性质P，且任何具有性质P的自然数的后继数也具有性质P，则一切自然数都具有性质P。现代数学将0也作为自然数，因此第一、第三、第五条中的1均改为0。——编者

分数,以上还都属于有理数的范畴。数学的整个思想体系建立在自然数的基础之上。反过来看,如果不停追问"为什么",那么数学最终都可以追溯到自然数。这就好比沿着一棵大树的每一条枝丫都可以摸索到树干。

有人可能会认为这只是一种科学爱好,一场愉快但用处不大的逻辑游戏。当我们在计算纳税申报,或者试图弄清浴室装修需要购买多少块瓷砖时,我们并不需要数学公理。当我们在银行账户中发现一个负数时,我们也不关心这个奇怪的负数是否符合皮亚诺公理。虽然所有这些情况都涉及数学,但大多数人都有相当好的直觉,无须使用逻辑严密、明确定义的公理系统也能应对这些情况。

然而,在工作和生活中也存在比较复杂的数学,我们必须运用合乎逻辑的计算规则,从一个公理到另一个公理,逐步推导出答案。这有点儿像爬山:只要阳光明媚,视野良好,我们就可以自由攀登,欣赏山顶美景。但如果我们冒险进入大雾遮挡视线的区域,情况就会变得复杂和危险。这时,我们就必须抓住可靠的东西。如果有梯子指引我们向上攀登,那就再幸运不过了。梯子的规则简单明了:只要我们找到最低的一级,并且知道如何一级一级地往上爬,到达目的地就只是时间的问题。

和皮亚诺一样的科学家表明,数理逻辑不仅可以用来计算和发现新的数学真理,还可以用来审视我们的思维规则。这为数学开启了令人兴奋的新世界。

比无穷更大的无穷

　　在乐观的氛围中，第二届国际数学家大会于1900年在巴黎举行。年轻的教授戴维·希尔伯特从当时的世界数学中心哥廷根前往巴黎。彼时38岁的他早已被视为该领域的巨擘之一。与会者们原本以为他会回顾并总结过去取得的伟大数学成果。然而，希尔伯特决定向前看，向听众抛出一份尚未完成的重要数学问题清单，希望这些问题能在20世纪得到解决。这是科学史上最大规模的"数学家庭作业"。

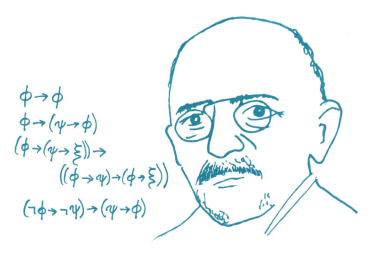

戴维·希尔伯特

　　清单上的23个问题后来被称为"希尔伯特数学问题"。其中，第二个问题将永久改变数学世界。这个问题是关于数学公理的：能否从数学上证明皮亚诺公理（或者类似的其他概念）的相容性？

这可能是人们对数学提出的最重要的要求：数学绝不能允许两种说法相互矛盾。"$A=B$"和"$A \neq B$"绝不可能都是正确的，否则数学的整个逻辑框架就会崩塌。那样一来，你就可以证明任何说法，比如"$8 \times 7=4$"或者"你的妈妈是一只企鹅"。

伟大的逻辑学家伯特兰·罗素（Bertrand Russell）在课上解释过这个问题，随后有一名学生提问："假设1=0，那么你能够证明你是教皇吗？"对罗素来说，这根本不算难题："我们给等式的两边同时加1，然后就得到等式2=1。我和教皇的这个集合里有2个元素，而2=1，所以我和教皇就是1个人。"

这种自相矛盾的说法在皮亚诺公理中可能存在吗？能否严谨地证明，这样的矛盾绝不存在？有人可能会想，没必要提出这种疑问，皮亚诺有关自然数的公理听起来如此简单和清晰明了，怎么会自相矛盾呢？然而在数学中，只有"想"是不够的。令人信服的证明必不可少。

戴维·希尔伯特想寻找这样的证明，并将它归为20世纪最重要的数学任务之一的原因，与当时数学研究并不如人们预期的那样顺利进行有极大的关系。数学界对一些令人困惑的问题都进行了激烈讨论。

在19世纪造成诸多困扰的棘手的数学主题之一就是"无穷"的概念。"无穷"不是一个数字，无法按照我们熟悉的规则来进行计算。5永远是5，如果有两个计算结果都是5，那么这两个5是完全一样的。但是，"无穷"永远都一样吗？是否存在不同形式的无穷？无穷乘以无穷会得到一个比无穷加无穷更大的结果吗？

数学家格奥尔格·康托尔（Georg Cantor）研究了这些问题。他创建了集合理论，旨在让人们理解无穷的规律。当直觉失效时，人们就必须用准确的定义取代模糊的概念，丢掉懒散的习惯并建立精确的规则。

康托尔在思考以下问题时遇到了出乎意料的情况：一个面上的点会比一条线上的点多吗？无论是在一条线上还是在一个面上都可以有无穷多的点。不过，既然面是由无穷多的线组成的，那么面上的无穷多的点应该更多吧。

康托尔震惊地看着他的结果并断定，这种理论不正确。两个无穷应该是同样大的。他在给朋友兼同事理查德·戴德金（Richard Dedekind）的信中写道："我看到了它，但我不相信它。"连康托尔自己都难以相信这个论证，那么他的同行带着更具有批评性的眼光看待他那奇怪的无穷规则也就不足为奇了。所以，当康托尔在教授自己的理论时，人们大骂他"腐蚀了青年"。

无穷旅馆

借助一个名为"希尔伯特旅馆"的思维游戏，我们可以更好地理解康托尔的困境。想象一下，我们经营一家有无穷多房间的旅馆。旅馆的房间被预订一空，每间房里住着一名客人。我们赚到了无穷多的钱，但每天早上要铺无穷多的床。现在又来了10位客人想要住宿，我们该怎么办？

非常简单：我们让1号房间的客人搬到11号房间，2号房间的客人搬到12号房间，3号房间的客人搬到13号房间，以此类推。这样，每位客人都住到了一个新房间里，1号至10号房间可以提供给新来的客人。

这意味着：无穷加10还是无穷，与之前的无穷并无区别。康托尔就是这样定义相同大小的集合的：如果一个集合中的元素总能和另一个集合中的元素配对，两个集合中没有元素落单，那么这两个集合大小相等。

在有限集合中，这显然是正确的。如果我有5只猫和5碗猫粮，我可以通过给每只猫分配1碗猫粮来证明，猫的集合和碗的集合大小相等。最后，所有的猫都能吃饱，所有的猫粮都会被吃干净。对于无穷集合，如"希尔伯特旅馆"中的房间和客人，这个道理就没那么容易懂了，但是原理基本是一样的。如果新来的客人不是10位，而是成千或上亿位，这也不会改变什么。你可以通过同样的方法让他们入住。

然而，如果有无穷位新客人等着入住，我们该怎么办呢？假设隔壁有另一家无穷旅馆，这家旅馆因严重的水管爆裂问题不得不临时关闭。住在这家旅馆的无穷位客人因此跑来"希尔伯特旅馆"寻找落脚处。

这也不成问题：我们只要让1号房间的客人搬到2号房间，2号房间的客人搬到4号房间，3号房间的客人搬到6号房间。让"希尔伯特旅馆"的每位客人都搬到房号为之前房号2倍的房间里。这样一来，所有偶数号房间都住满了客人，而所有奇数号房间则会空出来，并且有无穷间空房。无穷位新客人可以入住这些房间。这告诉我们：无穷加无穷还是等于无穷。换一种说法：整数的数量与偶数的数量相同。这听起来很奇怪，仅靠直觉我们是无法理解的：一个事物的一半怎么会和事物的整体相等？但是，根据集合的基本规则我们只能得出这个结论——直觉输了。

你如果现在还能跟得上，可以再向前迈出关键的一步：假设旅馆目前没有客人，有无穷位客人前来入住。不过，这次客人的编号不再是之前的整数，而是0到1之间所有可能的实数，它们可能有无穷多的小数位。现在，我们再也想不出一个巧妙的办法来给这些客人合理安排房间了。有一个客人的编号是0，即0.000或者小数点后有无数个0。他是第一位客人，我们可以让他住到1号房间。但下一个是谁呢？在实数范围内，0的后面没有最小的后继数。

我们叹了口气，对无穷位等着入住的客人喊道："不管你们是怎么排队的，自己随便选个房间吧。"客人涌了进来，旅馆的所有房间很快就住满了。但是，所有客人都成功入住了吗？没有！康托尔巧妙地证明了这一点。

不管我们怎么安排客人入住，总有一位客人无法在旅馆里找到房间。其原理是这样的：让我们一间一间地看，记下1号房间客人编号的十分位，2号房间客人编号的百分位，以此类推。这样，我们就得到了一个无限小数，它代表其中一位客人的编号。

关键来了：改变这个无限小数每个小数位上的数字，比如给每个数字加1（如果小数位上原本是9，我们就把它变成0）。然后，我们就得到一个新的无限小数，它与第一位客人的编号肯定不同，因为我们

书名

作者

我的评分

阅读日期

★ ★ ★ ★ ★

最爱金句

我的书评

U N R E A D

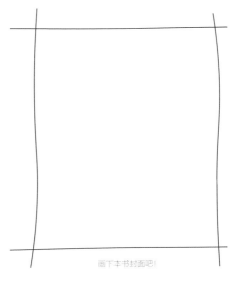

画下本书封面吧!

from 未读 注 → to 已读 99+

使用说明:
沿虚线裁开本卡片,即可获得1张读书笔记小卡。填写并收集本卡片,在小红书发笔记可兑换 未读独家文创。 卡片数量越多, 文创越是重磅。

注「未读」, 未读之书, 未经之旅。一个不甘于平庸, 富有探索与创新精神的综合文化品牌,为读者提供有趣、 实用、 涨知识的新鲜阅读。

本活动最终解释归「未读」所有

对取自第一位客人编号十分位上的数字进行了改变，所以新数字和1号房间客人的编号在十分位上绝对不同（可能在其他无穷多的小数位上也不同）。这条规则适用于所有其他房间的客人：新数字和2号房间客人的编号至少在百分位上不同……所有房间都找不到这个编号的客人。这意味着他还站在旅馆外，正在抱怨没有房间。

所以，不可能将0到1之间所有的实数与所有自然数一一配对。不管你想出怎样的对应方式，还是能发现落单的数字，这样的数字甚至有无穷个。这意味着，0到1之间的实数多于自然数。两个集合都是无穷的，然而0到1之间实数的无穷要比自然数的无穷大得多。

"希尔伯特旅馆"让我们感受到数学逻辑的强大之处：在面对复杂的数学问题时，我们的直觉"临阵脱逃"了，留下我们在迷茫中瑟瑟发抖。这并不丢脸，毕竟康托尔最初也遇到了同样的情况。然而，如果你好好整理自己的想法并且巧妙地使用正确的规则，就可以非常清楚地回答那些直觉难以解决的问题。

数学天才的直觉

我们可以通过将已被证明的数学定理像啮合的齿轮一样巧妙地组合在一起，找出新的数学真理。然而，这并不意味着数学研究是一种机械式的工作，就像按照使用说明书组装书架。数学规律是没有生命且不会变化的，但是找出这些规律的工作是有生命力的，并且极具创造性。因此，我们需要直觉，需要美感和清晰感，甚至可能需要一点儿疯狂。

每个人都或多或少有数学直觉，至少在处理简单的数字时是这样。也许我们不能马上说出 48×312 的结果，但是我们非常确定，答案不会是 4.3。如果有人在计算浴室翻新需要的瓷砖数量时得出必须采购 12 平方千米的瓷砖，那么他肯定算错了。数学直觉会立即告诉我们，这个结果不对。

我们直觉是可以被训练的：经常计算浴室面积的人会比第一次做这类计算的人估算出更可靠的结果。令人惊讶的是，一些人甚至能对与我们日常经验毫不相干的事物具备数学直觉。

研究数学的人经常会谈论一些旁人无法想象的事情，并自然而然地产生基于直觉的观点。在一个五维空间中可以放多少个五维胞体，并使其他每个胞体都能碰到中间的胞体？当一个质数的个位是 7 时，比它第二大的质数的个位也是 7 的可能性有多大？

拥有足够数学直觉的人能够感觉到答案是什么，会自然而然地猜测怎样找到答案，并感觉到这个问题同其他已解决的数学问题的关联。然而，这还不够。只有当一个人能够给出一个被准确证明的答案时，这种好的数学直觉才会成为被认可的数学结果。仅有猜想还不够，不过它们是寻找数学真理的重要起点。

音乐神童可以毫不费力地创作出全新的、令人叹为观止的旋律。同样，也有些人对数学之美有着极其特殊的直觉，比如斯力瓦萨·拉马努金（Srinivasa Ramanujan），一个来自印度南部的天才。他发迹之快，在数学家中非常少见。

　　拉马努金生于1887年，在一个单纯的环境中长大。当欧洲的伟大数学家们正在为无穷问题而绞尽脑汁时，年轻的拉马努金正在翻阅那些对他的年龄来说过于晦涩的数学书籍。他独自一人钻研复杂的数学定律，并用新公式让老师惊叹不已。

　　拉马努金的数学成就为其赢得了诸多赞誉，包括印度一所著名大学的奖学金。然而，他在其他科目上并没有那么出色，因此失去了奖学金并且没能被大学录取。拉马努金没有再接受更高水平的教育，没有稳定的工作，也没有钱。但他没有放弃数学，他坚持不懈地在笔记本上写满新的公式。

　　一天，拉马努金坐上火车，前往区首府，希望能在那里找到一份工作。他遇到了税务官员拉马斯瓦米·伊耶（Ramaswami Iyer）。伊耶对数学非常感兴趣，并在不久前成立了印度数学协会。拉马努金向伊耶展示了自己的数学笔记本，给伊耶留下了深刻的印象。然而，他并不准备给拉马努金提供一份工作。他后来写道："我不想用最低级的财务工作压制他的才能。"他写推荐信给更有影响力的人，将拉马努金介绍给他们。

　　拉马努金有一个雄大的目标：他希望向当时最有名的数学家展示他的公式，并将其刊登在科学杂志上。于是，他给英国伦敦大学和剑桥大学的教授写信，一页页地罗列自己最好的成果：无限和、具有奇特解的复杂积分、具有奇特内部对称性的烦琐公式。其中一封信寄给了剑桥大学三一学院的著名数学家戈弗雷·哈罗德·哈代（Godfrey Harold Hardy）。哈代看过信后惊呆了。他意识到，只有最高水平的数学家才能创造出这样的公式。正因为这些公式看起来非常奇怪，他才坚信它们是正确的。即使是拥有无与伦比想象力的人也发明不了它们。

只不过，这些神奇的公式有一个大问题：拉马努金没有提供证明过程，只写出了最终结果。他思考数学方程式的方式就像作曲家创作美妙的旋律一样：它们是自己蹦出来的！对拉马努金来说，结果最重要，中间的过程无足轻重。但是，数学界不只想要一个美好的公式，还需要一份无可争辩的证明，一个由已知事实逐步得到新结果的明确过程。

尽管哈代认为拉马努金的成果令人振奋，但是它们就像一张潦草地写着"从最大的棕榈树向西南方向走12步的地方埋着一箱黄金"的藏宝图一样令人不满。这看起来充满了希望，但除非你能详细解释如何找到这棵棕榈树，不然这张藏宝图便是废纸一张。

哈代决定邀请拉马努金前往剑桥。1914年，年轻的拉马努金带着他的笔记本启程前往英国。结果表明，拉马努金的一些公式是错误的，虽然有一些是正确的，但早已为世人熟知。其中一些是伟大数学家莱昂哈德·欧拉（Leonhard Euler）或卡尔·弗里德里希·高斯（Carl Friedrich Gauß）早已公布的成果。不过，拉马努金的许多公式实际上是了不起的新数学真理。

哈代和剑桥大学的其他数学家毫不怀疑，他们面前的人是数学史上罕见的天才。然而，为了将拉马努金的直觉转化为真正的数学研究，他们必须教他如何进行严格的数学论证。对拉马努金来说，要克制自己的思维跳跃并将其有条理地写出来颇为困难。

剑桥大学的人曾评价：对拉马努金来说，每一个整数都像是他的朋友。哈代后来回忆，他在某天乘出租车与拉马努金会面。路上，他一直思考着出租车的车牌号1729，心想这真是一个无聊、没有意义的数字。然而，拉马努金反驳道："这是一个非常有趣的数字。它是可以用两种方式表示为两个立方数之和的最小数字。"实际上，1792既是1^3和12^3之和，也是9^3和10^3之和。这很容易被验证。但是，只有像拉马努金这样的天才才能毫不费力地冒出这种想法。

在哈代的指导下，随着时间的推移，拉马努金成功地将一系列重要的想法以其他人能理解的清晰形式表达出来。他将成果发表在科学杂志上的梦想实现了，学术荣誉纷至沓来：拉马努金成为剑桥哲学学会会员、英国皇家学会会员和三一学院院士。

然而，英国似乎不适合拉马努金生活，他经常身体不适，患上严重的疾病。在拉马努金32岁那年，他已经成为数学界响当当的人物，但还是选择回到印度，不久后死于肺结核。

没有人知道拉马努金如果能多活几十年，还会有什么伟大的发现。我们也不清楚，他如果从小就接受严格的学术训练，而不是抱着借来的数学书进行天马行空的想象，将会有怎样的成就。也许他会成为一位更伟大的数学家，或者古典数学课会把他变成一个循规蹈矩、枯燥无聊的"算术机器"，他永远无法依靠卓越的创造力去猜测数学真理。

可以肯定的是，直觉和精确论证不是相互排斥的，拉马努金的例子就清楚地说明了这一点。让一个新想法迸发耀眼色彩的创造性火花来自哪里并不重要。有时，一个绝妙的科学想法会像流星一样突然闪过;有时,科学创造则是在艰苦的努力和大量毫无意义的涂鸦中产生的。

然而,不管是哪种情况,我们都必须让其他人理解自己的创造性想法。想法不是科学。毕竟其他有类似创造性想法的人可能会产生相反的想法。只有当想法被清楚地表达出来,变成无可辩驳的真理,科学工作才算完成。

逻辑思维的艺术

逻辑思维对我们有一定的难度。在日常生活中,我们通常不注重建立思维逻辑链,让每个命题环环相扣。更常见的情况是,我们以类推的方式思考。我们猜测一个规则在类似的情况中都适用。水可以浇灭烛火,所以也许可以用水来浇灭篝火。用水煮土豆会使它变软,所以也许可以用水把萝卜煮软。当某个人拿走我的巧克力后,我会不开心,所以如果我拿走狗狗的香肠,它会生气地对我汪汪叫。

类推在科学中也很有用。它帮助我们在脑海中创建图像:在原子中,电子围绕原子核转动,就像行星围绕太阳转动。我们能在一定程度上想象出这个场景。然而,类推不是合乎逻辑的解释或证明。电子和行星没有任何关系,电子不是因为受到原子核的引力而被迫转动的。

将一种科学思维套用到一个完全不同的科学领域的类比推理尤为棘手。在传统物理学中,牛顿第三定律"放之四海而皆准":相互作用的两个物体之间的作用力和反作用力总是大小相等,方向相反。太阳用引力将地球拉向它，地球也用同样的力将太阳拉向自己。当一本书放在桌子上时，它会给桌面施加向下压力，桌面也会用大小相同的力向上作用于这本书。

你应该能想象这样的场景：大人想让孩子做某件事，孩子会出于叛逆的心理反其道而行之。大人轻轻拍着孩子，想让他们快点儿入睡，但他们突然睡意全无。大人告诉孩子不能玩菠菜，然后桌布上就出现了一团墨绿色。

如果有人现在骄傲地宣称："肯定会这样，因为根据牛顿定律，每个力都有一个反作用力！"他不是在展示自己的科学水平，而是在证明自己对科学的无知。孩子的叛逆行为与力学没有任何关联。一个场景或许会让我们在特定的时刻想起另一个场景，但两者之间不存在逻辑联系。

尽管类比推理基本没有证明价值，但对我们而言，它还是非常有意义的。神秘主义者经常把逻辑论证丢到一旁，将类比推理奉为圭臬：我的生活时好时坏，天空中的星座时暗时明，两者之间肯定有关联。电线短了，我的烧水壶用不了了，我的身体有点儿不舒服，所以我肯定受到了某种能量的干扰。量子物理学让人困惑，人的意识也让人困惑，所以人类的意识可以用量子物理学来解释。

这全都是无稽之谈，我们无法从中学到任何新知识。这就像被问到电动列车如何运作时，只是简单地回答道：在原子中，电子会围绕原子核转动。列车的车轮也围绕车轴转动，所以列车才能前进。这不是解释。我们可以搭建一座逻辑的桥梁，从导线中运动的电子到电机产生的机械力，再到驱动车轮的扭矩。不过，只要这样的逻辑桥梁没有搭建起来，类比推理在科学方面就没有价值。

这是一个钻研数学的好理由。数学告诉我们，沿着准确的逻辑链，我们可以走多远。数学使我们在脑海中建立秩序，教我们用具有逻辑联系的链条与由基础假设和逻辑、前提和结论规则编织的网来理解这个世界。

从所有人都能够达成共识的简单想法开始，思考可以从中引出哪些其他想法——从一个真理迈向下一个真理。每一步都简单易懂。只要运用正确的方法，我们就有可能获得伟大的成果，这些成果是我们凭借纯粹的直觉永远得不到的。

第三章

这句话是错的

如何用逻辑论证摧毁一个人的毕生梦想？

为什么有些语句非真非假？

为什么世界上最伟大的逻辑学家拥有最荒谬的人生结局？

数学无法证明一切，但也不必证明一切。

塞维利亚的一名男性理发师会给这座城市里所有不给自己刮胡子的男人刮胡子。那么，这名理发师会给自己刮胡子吗？如果不会，那么他属于不给自己刮胡子的男人，作为给这座城市里所有不给自己刮胡子的男人刮胡子的理发师，他应该给自己刮胡子。如果会，那么他属于给自己刮胡子的男人，他不应该给自己刮胡子。晕了吗？

但是，如果这名理发师是一位女士，问题就迎刃而解了。话虽如此，这个著名的思维谜题告诉我们，我们有时会遇到数学逻辑问题：如果一句话自相矛盾，我们应该怎么办呢？不管公理和逻辑论证多么有用和了不起，只要叙述里出现逻辑矛盾，我们就遇上大麻烦了。

矛盾并不新鲜,早在古希腊、古罗马时期人们便已知晓。埃庇米尼得斯(Epimenides)曾说:"克里特岛人都是骗子!"这句话不太友好,看起来没有任何问题,直到人们发现埃庇米尼得斯也来自克里特岛。如果这句话是真的,那么埃庇米尼得斯肯定也是一个骗子,他的话就是假的。如果这句话是假的(有的克里特岛人不撒谎),那么埃庇米尼得斯可能说的是真话,但他在这句话上撒了谎。人们绞尽脑汁,都理不出一个有意义的结果。

从这些例子中我们可以看出:如果某句话是论述其自身的,我们就一定要小心谨慎地对待。有时候,这些论述是没问题的。例如,"这句话有七个字"是正确的,"这句话的第一个字是'那'"是错误的。从逻辑上来看,这两句话都没有问题。但是,"这句话是错的"不是一句值得探寻真相的话,它非真非假。这种非真非假的话也出现在数学中吗?这是否会威胁数学的可靠性?

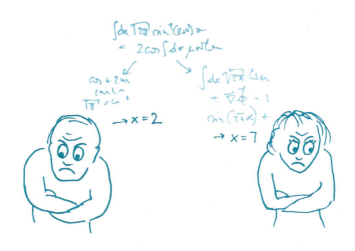

戈特洛布·弗雷格毕生心血的毁灭

1902年，戈特洛布·弗雷格（Gottlob Frege）担任耶拿大学的名誉教授并刚刚完成他的伟大作品《算术基础》（*Grundgesetze der Arithmetik*）的第二卷。弗雷格当时正在研究集合，康托尔曾尝试用该理论解决有关无穷的奇怪谜题。他为集合创建了一种新语言——一套可以用来计算和得出结论的符号和规则系统。但它不是为了算数，而是为了证明句子有逻辑。

弗雷格在其作品中提到，集合是人们能够想出来的最普遍和最多样的数学思想之一。一个集合可以由多个对象组成，比如"弗雷格的鼻孔集合"就是一个包含两个元素的集合。一个集合可以包含无穷多的元素，比如奇数集合。一个集合也可以不包含任何元素，比如"弗雷格耳朵里的鼻子集合"，这可以被称为"空集"。

当然，一个集合中的元素也可以是集合。例如，人们可以组建一个由0~10所有数字组成的所有集合的集合。这个集合看起来似乎没有特别的用处，却是一个能够准确描述数学基础的强有力的概念。

当弗雷格在耶拿大学琢磨集合的规律时，年轻的伯特兰·罗素也在英国研究非常相似的问题。他遇到了一个奇怪的问题：如果将所有不包括自身的集合组成一个集合，会发生什么？这个集合是否包括它自身呢？如果这个集合包括它自身，这种情况是不应该出现的，反之亦然，这可能会导致埃庇米尼得斯悖论或塞维利亚理发师故事那样的矛盾。罗素写信给弗雷格并向他提出了这个问题。

弗雷格大为震惊："这个英国年轻人说得对！"他的《算术基础》已经在刊印中，但现在剑桥的一个年轻人寄来了一封信，用一个问题推翻了他多年来建起来的思想大厦。如果弗雷格的集合允许这样的内部矛盾存在，那么这显然不是他梦想中的逻辑完美的数学基础。

最后，弗雷格在他的书中添加了一份附录："一名科学作家遇到的最糟糕的事情，莫过于在他的作品完成后，其基础被动摇了。当这本书的印刷接近尾声时，罗素先生的一封信让我陷入了这种境地。"弗雷格最终放弃了他研究集合的伟大计划。

然而，其他数学家没有放弃。罗素成为数理逻辑领域的主要研究者之一。他试图在弗雷格思想的基础上分析数学基本原理的每个细节。数学中不应存在丝毫的疑问、模糊和矛盾。一切都应在无可争辩的逻辑基础上得到说明。他与同事阿弗烈·诺斯·怀特海（Alfred North Whitehead）共同出版了《数学原理》（*Principia Mathematica*）。这是一部关于数学基础的三卷本著作。

《数学原理》中一个广为人知的证明就是，在摆弄了多页的逻辑符号和方程式后，两位作者最终得出了1+1=2。人们在此之前就猜测是否存在特定的方法可以证明这一公理，罗素和怀特海的证明让人们意识到，除了他们的方法之外不可能存在其他证明方式了。然而，如果想完全理解这套证明的全部含义，就需要一些耐力。所有阅读1910年原版《数学原理》的人都必须"奋战"到第379页才能看到证明的结论。

这份辛苦真的值得吗？直接放弃让弗雷格都感到绝望的集合是不

是更明智？当时已成为国际数学研究核心人物的希尔伯特从未考虑过这个问题。尽管存在各种各样的问题，他从头至尾都对康托尔的集合理论非常满意。"没人能把我们赶出康托尔创造的天堂。"希尔伯特坚信这一点。如今对他来说，清楚地证明数学的不自相矛盾比以往任何时候都重要。

早在1900年，希尔伯特就在巴黎的国际数学家大会上将该目标作为数学界最重要的任务之一，在20世纪20年代，他将该目标称为"数学界的核心项目"。这项伟大的任务作为"希尔伯特计划"载入史册：数学应该是一个伟大的总系统，它应该具有两个重要的特征：首先它不能是自相矛盾的，其次它必须是完整的。

不自相矛盾是希尔伯特在1900年提出的第一个特征。如果一句话是正确的，那么与其矛盾的语句不可能是正确的。如果有两个人都正确地解决了同样的数学问题，那么他们不可能得出两个不同的，甚至矛盾的结果。

第二个特征则是补充在希尔伯特计划中，并且它同样重要：数学的完整性应得到证明。这意味着，每一句正确的话都能被证实并且每一句错误的话能被证伪。要想采摘树上的樱桃，就要有一个足够高的梯子，这样我们才能碰到每根树枝上挂着的每颗樱桃。同理，人们希望掌握数学的基本规则，（通过建立在公理之上的逻辑证明）使他们能够了解每个数学真理。最理想的情况就是，将一句数学论述放入一台机器，它会根据定义清晰的逻辑规则计算这句话是真是假。

希尔伯特计划的失败

这是一个充满希望和狂热愿景的时代。希尔伯特满怀信心地宣称："我们必须知道，我们将会知道。"这句话后来被刻在他的墓碑上。数学通过逻辑方法研究的对象不再只是公式或者数字，还包括数学本身。人们希望通过数学方法探索一切，并借此开始更清楚地认识到重要的基本数学思想是如何相互交织的，以及证明的真正意义。这是逻辑学的黄金时代。

然而，就在人们以为正在一步一步地接近这个伟大目标的时候，名为"希尔伯特计划"的大厦倒塌了。希尔伯特的梦想在1931年破灭。希尔伯特计划出人意料且不可逆转地失败了。这都是因为一名来自维也纳的古怪年轻人库尔特·哥德尔（Kurt Gödel）。

哥德尔可能是20世纪最伟大的天才之一，但他的人生并不轻松。1906年，他出生于布尔，自孩提时代起，他便被恐惧所困扰，常幻想自己的心脏存在缺陷，然而医学检查证明他并没有这一问题。早在进入大学前，他就开始研究复杂的课题，阅读歌德（Goethe）、康德（Kant）和牛顿（Newton）的著作，翻阅大学才会用到的数学文献。后来他在维也纳大学学习理论物理，但很快就认识到自己在数学领域更如鱼得水。

当时在维也纳学术圈，逻辑学是一个热门话题：许多伟大的自然科学家和哲学家着迷于如何利用数学的准确性、简单的定理和清晰的规则得出无可辩驳的真理。人们讨论弗雷格、罗素、希尔伯特和其他学者的理论。

在这种环境的熏陶下，哥德尔决定研究希尔伯特关于完整的、不自相矛盾的数学特征也就不足为奇了。然而，他得出了一个毁灭希尔伯特计划的结果。哥德尔证明希尔伯特计划在原则上是不可能的。每个能够提供自然数理论的数学体系会不可避免地涉及一些命题，它们虽然是正确的，但永远无法在该体系内得到证明。从少量正确的基础假设中逐步得出所有正确命题的数学系统永远不可能存在。

这个结论听起来非常抽象，让人不禁好奇，这怎么能够得到证明。我们在学校里学过某些数学定律是怎样被证明的，比如勾股定理。然而，要如何证明数学论证的不完整性或某个观点的不可证明性？哥德尔借助一个天才的想法做到了这点。通过这种方法，他不仅可以用数字或变量来计算，还可以用数学命题。

在逻辑学中，人们经常要与一些和数字有关的命题打交道，比如"对于任意自然数 x 和 y，$x+y=y+x$"这句定理可以用逻辑语言写成简单的公式。哥德尔意识到，可以将这些与数字有关的命题转化为一个数字。人们只需找到合适的方法为逻辑学中使用的每个符号赋予特定的数字，并以一种有意义的方式将它们组合成大的数字。

这并没有什么特别神秘的地方。在数字时代，几乎任何内容都可以编码成数字，这对我们来说司空见惯。我们的度假照片和喜欢的音乐都是以一长串数字的形式存储在电脑中的。类似地，每个数学定理都可以被转化为一个数字，即哥德尔数。

我们只要确定了合适的编码，就可以把一些数字看作数学定理。一些大得难以想象的数字就作为很长的数学命题的哥德尔数。

如果数字和数学命题可以相互转化，人们就可以用数学语言来谈论数学。那么，一个数学定理就不仅仅是对数字的命题，它还是对自身的命题。例如，"n 不是证明定理 S 的哥德尔数。"这个命题也可以写成哥德尔数。但是，如果数学定理可以告诉我们一些关于自身的内容，就存在出现内部矛盾的风险，类似前面提到的埃庇米尼得斯悖论。哥德尔得出这样一句话："没有一个数字是证明这个命题的哥德尔数。"这句话可以转换成："我是不可证明的。"

这句话要么是真的，要么是假的。如果"我是不可证明的"是假的，这就意味着"我是可证明的"，那么必定存在一个证明方法来证明这是个假命题——矛盾出现了。但是，如果它是真的，这就意味着，存在一个不管人们怎么努力，都无法被证明的真命题。基于逻辑学，证明不可能存在。

我们用一种有点儿非数学化、口语化的表述来说明哥德尔著名的第一不完备定理："每一个（至少强大到足以提出自然数理论的）逻辑系统要么是矛盾的，要么是不完整的。"哥德尔还由此推导出他的第二不完备定理："一个一致的系统无法证明自己的一致性。"

哥德尔用自己的成果撼动整个数学界那年，还不到 25 岁。他的不完备定理引起轰动，让远在美国的伟大数学家和计算机科学先驱约翰·冯·诺依曼（John von Neumann）也深受影响。哥德尔多次前往普林斯顿高等研究院，并在维也纳和哥廷根授课。

哥德尔在学生时代认识了他的一生挚爱阿黛尔·波克特（Adele Porkert）。她是维也纳一家夜总会的舞者，比哥德尔年长 6 岁且已婚。

后来，波克特离婚并在1938年与哥德尔成婚。在此期间，哥德尔一直与严重的心理问题做斗争。

与此同时，哥德尔祖国的政治形势越发糟糕：纳粹开始掌权。愚昧的政客上台执政，出台了一系列非人道、不公平的法律，研究宇宙奇妙规律的天才科学家们被迫移居国外。

哥德尔不是一个特别关注政治的人，但当他在街上遭到纳粹暴徒袭击后，他终于受不了了。1940年，战火席卷整个欧洲，哥德尔和妻子在美国朋友的帮助下，成功经西伯利亚来到美国，并在普林斯顿安了新家。哥德尔的朋友奥斯卡·摩根斯特恩（Oskar Morgenstern）向他询问维也纳的局势。哥德尔回答道："那儿的咖啡太难喝了。"对于政治他只字不提。摩根斯特恩在日记中写道："他的胸无城府和不谙世事令人捧腹。"

哥德尔还在普林斯顿认识了爱因斯坦。两人有很多共同点。他们都被视为天才：爱因斯坦在25岁时发表狭义相对论，动摇了物理学基础，哥德尔也几乎在相同的年纪撼动了数学基础。爱因斯坦与希尔伯特同时研究广义相对论的基本方程，最终压希尔伯特一头。哥德尔与希尔伯特同时研究数学系统的完整性问题，最终哥德尔打破了希尔伯特的美梦。爱因斯坦与哥德尔建立了深厚的友谊。摩根斯坦恩后来说："爱因斯坦说过，他来普林斯顿高等研究院，主要是为了和哥德尔一起步行回家。"

不过两人在许多方面也天差地别。爱因斯坦是一位政治知识分子、国际巨星、理性的思想家，牢牢扎根于启蒙运动影响下的科学世界观。

而哥德尔则是一位隐居的冥想家,他相信超自然现象,并且一直被非理性的恐惧折磨。他的妄想症越来越严重。他害怕被人下毒,以致最后几乎不进食,是妻子阿黛尔的爱让他留在世间。然而1977年,阿黛尔必须住院数月,哥德尔失去了自己的"试吃员",于是拒绝进食,体重骤降到只有30千克左右,不得不被送进医院。由于拒绝进食,这位数学史上可能是最伟大的逻辑学家于1978年1月14日去世。

逻辑学总是正确的

在哥德尔发布了他的不完备定理后,数学界不复当初。他的逻辑学方法至今仍在数学研究中发挥重要的作用。然而,我们不能将数学研究中的逻辑与日常生活中的逻辑混淆。如果我们认为某些事是明显、清晰和简单的,我们会说"这是合乎逻辑的"。这通常指的不是数学公式,而是指事情是容易且可理解的。

逻辑学最初与数学没有特别大的关联。在古希腊时期,逻辑学是修辞学的一个分支,用来区分正确的论证和谬误。"人终有一死。苏格拉底是一个人,所以他也会死去。"这是一个逻辑正确的论证。"杰出的想法总是有矛盾之处。我的想法也有矛盾之处,因此我的想法是杰出的。"这个论证听起来和前面的相似,但它是错误的。

亚里士多德研究了这些逻辑推理模式,提出了所谓"三段论"。要想拆穿这种思维游戏,无须写下方程式或公式,只用简单的日常用语就够了。

　　然而，数学逻辑不是一门局限于乏味的日常用语的科学。它是一个困难的、抽象的数学分支。我们发展出了一套完全属于逻辑学的语言，可以使用特殊的符号和书写规则写出合乎逻辑的命题。就像我们可以通过变换数学公式最终算出变量的值，我们也可以通过变换合乎逻辑的命题从中推理出新的真理。每一步变换都是容易理解的，并且遵循简单的基本规则。不过，最终得出的是其他所有人不太容易理解的新知识。

　　逻辑学对一门在哥德尔时代还完全无法想象的科学——对现代计算机科学来说，具有特别的意义。如今，有的电脑程序可以根据设定的逻辑规则自动为某些数学表述提供证明，有的电脑程序可以检查其他电脑程序的错误，或者证明某个代码在所有可能的逻辑条件下会得出正确的结果。所有这些了不起的进步都得益于形式逻辑。

　　然而，哥德尔的数学系统不完备性的逻辑证明总是被曲解。有些人将其理解为数学中隐藏着模糊不清的、神秘莫测的东西。这当然是错误的。逻辑学不可能存在于神秘主义的世界观中。

　　哥德尔用他的不完备定理证明了数学是稳定性存疑、随时可能崩塌、存在漏洞的系统吗？不，他没有证明这点。哥德尔说过逻辑学不总是正确的或者准确的证明是不存在的吗？他从来没有产生过这种无意义的想法。哥德尔怀疑过真、假命题的存在吗？没有，否则他就不是伟大的科学家，而是一个早被人遗忘的糊涂虫。

　　当然，命题有真有假。"在平面上，等边三角形的每个角都是60°。"这是一个真命题。"48是一个质数。"这是一个假命题。两者都可以得到证明。我们可以用哥德尔数来构造更复杂的陈述，但这与真、假命题的证明无关。根据哥德尔的理论，能被证明合乎逻辑的命题无疑是真的。如果一个真命题以合乎逻辑的方式推导出一个新命题，那么这个新命题肯定是真的。这一点毋庸置疑。

我们必须接受，一些真命题可能永远无法被证明。许多数学命题可以得到很好的证明，比如存在无穷多的指数。然而，在人们找到最终的证明之前，许多命题在很长一段时间里只能是一种猜测。

例如，人们早就猜测每个大于2的偶数都等于两个质数之和，这就是著名的哥德巴赫猜想。6=3+3，8=5+3，24=13+11……人们可以对数十亿个数字进行检验，总能找到至少一种由两个质数组成该数字的方法。然而，这个命题是否真的适用于无穷多的数字，至今仍无法得到证明。

希尔伯特在年轻时还坚信，证明哥德巴赫猜想适用于所有大于2的偶数或者某个数字不符合哥德巴赫猜想，可能只是时间问题。如今我们知道：这样的证明根本不存在。

有的人觉得这很好，也有的人觉得这令人悲哀，都无关紧要。哥德尔的结果没有削弱数学的价值，而是让我们更清楚地认识到数学能说明什么，以及不能说明什么。我们无法证明一切，这并不会降低已得到证明的东西的可靠性。如果天文学告诉我们，由于许多恒星的光传到地球，因此我们永远也看不到它们。这并不会让我们已掌握的恒星知识失去价值。我们只会更好地了解在未来可以期待获得哪些知识，以及为什么有些知识永远处于黑暗之中。

第四章

脏杯子悖论和完美的真理

维也纳学派如何找寻完美的哲学？

人们如何发现根本不存在的神秘光线？

为什么有人差点儿因为鸽子粪弄丢了诺贝尔奖？

自然科学总是依赖观察，但观察从来都不是完美的。

很少有这么多聪明人一起打扫一间厨房的情况。诺贝尔奖获得者尼尔斯·玻尔（Niels Bohr）被派去清洗餐具，另一位诺贝尔奖获得者维尔纳·海森堡（Werner Heisenberg）负责打扫灶台。1933 年，多名物理学家一起在山间小屋度过了一个滑雪假期并在此期间分担家务。

在清洗餐具的时候，玻尔发现了一件非常奇怪的事情：他用一块沾了脏水的脏抹布奇迹般地将脏餐具洗干净了。玻尔看着闪闪发光的杯子说道："如果跟一名哲学家说这件事，他肯定不会相信。"

也许这些物理学家当时就在山间小屋讨论这样的科学哲学问题：科学也是一件脏餐具。人们通过不精确的实验并借助不清晰的概念来说明不准确的结果,最后却奇迹般地看透自然的规则。

问题是,这对我们来说足够了吗?只要结果看起来是清晰的,我们就可以接受自然科学中的模糊吗?

这个问题在数学中比较容易得到解决。我们可以完美地证明高度复杂的命题,从而让人不再怀疑它的真实性。那么,能否将这种精准的证明运用到整个科学研究中呢?我们可不可以将逻辑学的严谨规则应用到所有其他研究领域,从而创造出人人都认同的、无可指摘的真理呢?

维也纳学派

20世纪二三十年代,创造完美科学的伟大梦想在维也纳引起了激烈的讨论。以莫里茨·石里克(Moritz Schlick)、鲁道夫·卡尔纳普(Rudolf Carnap)等哲学家为代表的维也纳学派成立。这是一个对科学和哲学感兴趣的知识分子群体,年轻的哥德尔也是其中一员。他们在位于玻尔兹曼大街的维也纳大学数学研讨大楼碰面,共同研究有逻辑的、理性的、科学的世界观。

　　维也纳学派赞叹数学领域取得的重大进步，因为人们可以根据简单的基本假设，按照清晰的逻辑规则行事。但哲学领域则似乎没有取得类似的进步。人们仍在争论一些早在数百年前就被提出的问题：我们可以知道什么？我们如何才能获得新知识？如何从个别观察推理到普遍适用的规则？

　　这是不是代表哲学出现了严重的问题？如果哲学没有取得明显的进步，我们是否应该重新思考以前提出的基本假设？是否有必要好好打磨一下哲学的逻辑工具？

　　在维也纳学派的哲学家看来，清晰明确地将科学命题和非科学表述区分开来似乎具有尤为重要的意义，但做起来绝非易事。毋庸置疑的科学命题的范例确实存在，比如牛顿第二定律中的"力等于质量乘以加速度"。如果我们都认同"力""质量"和"加速度"的定义，这句话就非常明确地告诉我们，三者之间如何进行换算。而"民主制是最公平的政治制度"这句话则更复杂。我们勉强可以定义什么是"民主制"，但要如何衡量和比较"公平"呢？

　　还有一些与科学毫无关系的句子："一切存在都拥有宇宙能量，它将我们每个人和宇宙联系在一起，即宇宙和我们。"这句话在语法上是正确的，但它要表达什么意思？句子里出现了"能量"和"宇宙"，听起来似乎与科学有关，但这句话没有意义，就像"啦啦啦，喔哦"或"让我们看看下周二数字5是不是咸的"一样传达不了任何信息。

　　为什么会这样？我们又该如何识别哪些句子有意义，哪些没有？

不准确就是垃圾？

在寻找有逻辑的新哲学的过程中，卡尔纳普和其维也纳学派的同事受到弗雷格和罗素这些逻辑学家的激励。他们将自己的理论称为"逻辑经验主义"，其基本特征是只接受科学实验和逻辑分析的结果。一个有意义的句子所表达的内容要么可以通过观察得到验证，要么是从可观察事物中得出的合乎逻辑的结果。其他一切都是"形而上学"，都是不重要、不科学的。

这是非常极端的，因为根据这个标准，哲学史上相当一部分内容都是无意义的垃圾。根据逻辑经验主义原则，"宇宙是建立在神圣秩序之上的吗？"等问题毫无意义。它们应该如何用逻辑学和科学实验来验证？如果只允许准确的、合乎逻辑的表述，有些问题就不可能被讨论。正如路德维希·维特根斯坦（Ludwig Wittgenstein）所说："对于不可言说之物，必须保持沉默。"

伟大的哲学家不一定以其清晰、有逻辑的表达而闻名。典型的例子就是马丁·海德格尔（Martin Heidegger）。他曾经说："无是对存在者全体的否定。"这是哲学语言，还是一串无意义的音节，答案见仁见智。

希尔伯特嘲笑这个句子违背了逻辑学的所有基础原则。逻辑经验主义者认为，哲学之星海德格尔只是个"反面教材"。卡尔纳普写道："我认为，许多传统的形而上学理论不仅毫无用处，而且没有任何认知内容。它们都是假命题，既没有说明什么，也非真非假。"

然而，维也纳学派的哲学家们不久后就会知道，放弃形而上学是一件多么艰难的事情。如果极端地剔除一切听起来不准确的内容，最终可能会丢弃原本想要保留的思想。维也纳学派内部对维特根斯坦非常尊敬。然而，对于维特根斯坦的主要著作，即著名的《逻辑哲学论》（*Tractatus logico-philosophicus*），究竟是清晰的逻辑哲学，还是纯粹的形而上学，他们并没有达成真正的共识。

经济学家奥图·纽拉特（Otto Neurath）就是一位尤为严格的评论家：一次会议上，大家一起逐句研究维特根斯坦的著作，每当他发现形而上学的内容时，便会大声抱怨。石里克对纽拉特的不断打断感到恼火，让他稍微忍耐一下。纽拉特妥协道：当他认为讨论中又出现形而上学的内容时，直接喊"形"来代替"形而上学"。一会儿，他又开口：也许喊"不形"更合适。

数学的精确性很了不起。但严格来说，这只能出现在数学中。在自然科学领域，我们不可避免地要使用不精确的术语，哲学领域更是如此。尽管如此，但我们还是应该努力使用清晰的术语和明确的表述，以尽可能地确保结果是清晰的。就像用沾了脏水的脏抹布洗脏餐具一样，结果不会是完美的，但大多数情况下，我们会得到一个满意的结果。

我们自欺，也欺人

对维也纳学派的哲学家来说，有一点是肯定的：科学的基础是观察。仅仅依靠直觉、询问神谕和接受神灵启示的人，不会科学地行事。

我们必须用感官来感知世界。这听起来简单，做起来却非常困难。我们无法真正地、完全正确地认识我们周围的世界。我们的感官并不完美，我们的大脑在阐释我们的感知时总会出错，我们的记忆中储存着许多与实际情况大相径庭的东西。

感官错觉并不少见。我们的感知非常容易被欺骗，比如所谓"月亮错觉"。当月亮刚刚露出地平线时，它看起来比其他时刻大得多。其中没有任何物理原因。我们如果进行测量，就会发现月亮的大小始终保持不变。但是，无论我们测量多少次，大脑都不认同我们的测量结果。

大脑会出错，这一点根本不需要用感官错觉来说明。虽然进化已让我们具备良好的工作能力，但我们的感知在日常生活中仍然经常出现问题。

美国心理学家丹尼尔·西蒙斯（Daniel Simons）和丹尼尔·莱文（Daniel Levin）在1998年发表了一项奇怪实验的成果。实验非常简单：两位科学家之一拿着一份城市地图，一脸迷茫地走在康奈尔大学校园里。他随机选择一名路人问路。当他和这名路人聊得正起劲时，工人们抬着一扇大门走了过来，毫不客气地挤到两人中间。

决定性的一刻来了：在路人的视线被门挡住的瞬间，他的对话伙伴被替换了。科学家被门遮挡着离开，搬运大门的一名工人停了下来，拿着相同的城市地图，继续和路人交谈，仿佛他就是最初问路的那个人。

科学家和工人长相并不相似，身高和穿着也不同。尽管如此，但

50%以上的路人都没有意识到发生了什么。他们继续交谈，丝毫没有发觉在几秒钟之前自己还在和另外一个人交谈。

如果我们根本无法意识到自己的谈话伙伴被中途替换了，那么我们又会自信不疑地在日常生活中犯下哪些其他错误呢？

目击者的证词可能在法庭上具有重要作用，在科学领域，它们却是相当薄弱的论据。坚称自己看到了尼斯湖水怪的探险者并不能说服专家们。我们在探索科学真理时，绝不能依赖他人的观察和记忆，甚至不能依赖自己的观察和记忆。

N 射线之谜

如果我们不仅进行观察，还进行测量，我们的科学工作就会变得可靠。"测量一切可测之物，并把不可测的变为可测。"这句话如今被认为出自伽利略·伽利莱（Galileo Galilei）。也许他从未说过这样的话，但这句话是正确的。朴实的数字会大大降低"欺骗"的风险。食谱就能说明这一点："100 克"比"两把"更能说明数量。

遗憾的是，人类就是非常糟糕的测量工具，尽管许多人不愿意承认这点。一些人使用占卜杖寻找水脉或神秘的地球射线。占卜杖确实会在某些时刻像指针一样转动，但这没有什么说服力。如果有多名占卜者在同一片草地上用占卜杖进行占卜，他们会找到完全不同的水脉和地球射线。占卜杖测量的不是事实，而是直觉。占卜者的期望会不自觉地引起手部的微动作，从而使占卜杖产生出人意料的抽动。

　　一些人非常担忧地仰望天空，研究飞机留下的白烟。他们宣称这些是"化学凝结尾"，说明有黑暗势力在我们头顶上喷洒危险的有毒物质。我们可以使用化学、物理或气象测量仪器对其进行调查，然后就会发现，它们只是普通的烟尘，是完全可以用科学解释的物质。然而，我们如果只将眼睛作为测量仪器，而忽略了其他的一切，就很容易陷入恐惧、沮丧和偏执的旋涡。

　　我们应该使用测量仪器，查看测量结果，并以最诚实的态度将其记录下来。即便如此，我们仍有可能被自己蒙蔽。这种事情甚至会发生在伟大的科学家身上，比如神秘的N射线的故事，其中包含了可能是科学史上最值得注意的错误之一。

　　20世纪初，放射物理学风靡一时。威廉·伦琴（Wilhelm Röntgen）发现了神秘的X射线（也被称为"伦琴射线"）。他因这一发现于1901年成为世界上首个诺贝尔物理学奖得主。在法国，亨利·贝克勒尔（Henri Becquerel）使用铀盐做实验，原本是寻找X射线，却意外地发现了物质的放射性。随后，伟大的科学家玛丽·居里（Marie Curie）及其丈夫皮埃尔·居里（Pierre Curie）成功地从物理学角度解释了这一现象。居里夫妇与贝克勒尔共同获得了1903年的诺贝尔物理学奖。

　　当时，法国南锡大学德高望重的物理学家勒内·布朗德洛特（René Blondlot）也在研究射线。他在加热铂丝时观察到，只要铂丝靠近煤气灯火焰，火焰就会变亮。没有任何已知的自然法则可以解释这种现象。于是，布朗德洛特得出结论：这是一种新型射线。他将其命名为"N射线"，以纪念他执教大学所在的城市——南锡（Nancy）。

但故事还没有结束。作为一名科学家，布朗德洛特想要尽可能多地了解这一射线。不久他便断定，不只铂会发出 N 射线，其他许多材质也会。他甚至观察到了 N 射线的分解现象。就像一束日光穿过玻璃三棱镜时会被分解为七色光谱一样，布朗德洛特用铝棱镜将 N 射线分解成 N 射线光谱。他发现了独特的光谱条纹，它们与煤气灯光谱的条纹一样。

这自然引起了人们极大的兴趣。很快，其他科学家也开始寻找 N 射线。一些研究机构进行了类似的实验，并取得了相似的结果，大量的科学出版物也随之出现。但一些物理学家对此仍然持怀疑态度。

法国科学家发现 N 射线的消息甚至传到了德国皇帝威廉二世的耳朵里。皇帝对科学非常感兴趣，命令柏林研究员海因里希·鲁本斯（Heinrich Rubens）向他展示这一现象，但鲁本斯失败了。他花了两周的时间尝试再现布朗德洛特的实验，但最终不得不向皇帝承认，他找不到 N 射线。这不只是鲁本斯个人的失败，在整个欧洲民族主义愈演愈烈的时期，这还会令整个德国科学界蒙羞。

不过，其他国家的研究者也一直对神秘的 N 射线半信半疑。为了打消疑虑，物理学家罗伯特·伍德（Robert Wood）被派往南锡，他在布朗德洛特的实验室里坦言自己对 N 射线的真正看法。作为一名美国人，伍德可以作为法德研究争议中公正的仲裁者。

伍德可以仔细研究测量仪器，而布朗德洛特则演示他的实验。他点燃了一盏小煤气灯，根据他的理论，火焰只要受到 N 射线的照射，就会变亮。但伍德看不出其中的区别。布朗德洛特并没有因此而动摇。

他解释说，伍德的眼睛不够敏锐。随后，伍德提出了另一种方法：由布朗德洛特观察并记录火焰亮度的变化，而伍德则随机用N射线照射煤气灯。布朗德洛特同意了，但他总是出错。即使伍德根本没有做任何改变，布朗德洛特也经常记录到亮度变化。

此时伍德开始怀疑，神秘的N射线可能更多地与眼花和观察者的期望有关，与真正的物理学无关。但他还是让布朗德洛特展示了最引人注意的实验——用铝棱镜分解N射线。布朗德洛特像往常那样，让射线穿过棱镜，然后测量光谱中的独特条纹。布朗德洛特似乎不费吹灰之力地读取到了他以前实验中反复出现的典型数值。他清楚，先前的测量结果又一次地准确出现，并且以令人信服的方式得到证明，这是他相信N射线存在的又一个理由。

然而，布朗德洛特忽略了一件重要的事情：伍德趁他不注意将铝棱镜收了起来。在测量过程中，最关键的实验道具根本没有出现，而是被伍德藏在了口袋里。

这清楚地表明，布朗德洛特看到了实际上根本不可能存在的东西。伍德将自己的观察结果写下来并将其发表在《自然》杂志上——宣告N射线研究正式终结。

布朗德洛特是骗子吗？不是的。显然，他对自己的观察深信不疑。当科学家花几个小时在昏暗的实验室里摆弄复杂的仪器，寻找微弱的、几乎不可见的光学效应时，很容易发生这种事情：他想象着期望的结果，并在快要精疲力竭的时候得出了一些测量结果，一点儿期待就能让他"找到"自己想要的东西。

这些错误总会一再地出现在我们身上。例如，当我们购买了一瓶昂贵的葡萄酒并细心品尝时，价格带来的期望让我们觉得这瓶高价的葡萄酒口感比那瓶便宜的更好，尽管在盲饮的情况下我们可能根本无法可靠地分辨出两者之间的区别。

我们必须知道：对于完全相信自己感官的人，他的感官可能也不可信。但我们还能信任什么呢？

N射线的故事至少给了我们一个宝贵的启示：它不仅是一个犯错的故事，还是一个成功改正错误的故事。即使是像布朗德洛特这样可敬的科学家也会犯错误。但是，如果几个聪明人对他们的成果、想法和考虑进行对比，一般来说他们可以很好地发现错误。然后，如果他们就某些事实达成共识，那么科学的精彩部分就开始了。

数据不是理论

18世纪，在英国皇家海军船上服役的水手一定深刻地意识到生活中充满危险。许多水手在英国与法国和西班牙的战争中丧生。然而，有一种可怕的疾病比敌人的武器夺去了更多人的生命：坏血病。在长期的海上航行中，很多水手患上口腔溃疡，牙齿和头发脱落，容易疲乏，甚至出现失明并最终死亡。如今我们知道，这是一种缺乏维生素C导致的疾病，但在当时，坏血病完全无法解释。

当皇家海军医生詹姆斯·林德（James Lind）不得不面对一批坏血病患者时，他决定尽可能科学地解决这个问题。他把患病的水手分成几组，给他们提供各种食物作为加餐：有的水手拿到了橘子和柠檬，有的水手拿到了盐水，还有的水手拿到了稀硫酸。没过几天，拿到橘子和柠檬的水手病情明显好转。

这项实验当然不符合现代科学规则。受试者数量相当少，而且科技伦理委员会一定会质疑使用硫酸的合理性。但林德以这种方式进行了医学史上最早的临床试验之一。

数据非常清楚：橘子和柠檬似乎有助于预防坏血病。但遗憾的是，林德并没有成功地将他的观察结果转化为有意义的、具有说服力的理论。当时没有人知道维生素是什么。林德推测坏血病是一种致使身体腐败的疾病，可以用酸来治疗。但是，要想得出这个结论，硫酸的效果至少应该和橙汁一样。林德发表了他的观察结果，但没有给出明确的论点和建议。就这样过了几十年，柑橘类才成为船上餐饮的重要组成部分。

写下观察结果不是科学研究。罗列数据没有意义，尽管它们是真实的。观察并记录疾病过程的人、收集甲虫并给它们起拉丁文名字的人、测量恒星的位置并将其写成一长串数字的人，可能都是自发进行记录的，但他们还不算从事自然科学研究。只有当他们认识到其中存在的联系和模式时，当他们从大量的观察结果中发现一个简单、科学的规律，并且这个规律比单纯的数据罗列更简短、更有用时，数据才变得有趣，他们才迈进了科学的大门。

实现从观察结果到自然规律、从实验到理论的跨越并不容易。严格来说，这不是一个步骤，而是一支复杂的舞蹈，我们要先向前几步，然后再后退几步，如此往复。我们在观察自然时会产生新的理论，我们脑海中的理论也会影响我们对自然的看法。

我们要解决的第一个问题是，应该进行哪些实验。并非所有可测量的数据都是有意义的。我们可以使用昂贵的测量仪器和精密的测量方法来找出袜子的重量是否与月相或者乌干达蝗虫的数量有关。但是，我们不可能指望在这个过程中了解任何关于宇宙的有意义的东西。这是如何判断出来的呢？我们需要脑海中已有的理论，它们能告诉我们什么与什么有联系，什么与什么肯定没有联系。

理论在评估结果的过程中也起了重要作用。我们能够相信自己测量、观察或计算的结果吗？这个结果是否过于夸张，我们是否应该将其视为明显的错误并弃之不用？

差点儿被鸽子粪弄丢的诺贝尔奖

许多物理实验室都将一条古老的德语谚语作为基本规则——"Wer misst, misst Mist"，大意就是"测得越多，错就越多"。科学实验有好有坏，有些实验结果只是数据垃圾，而有些则是重要的真理。我们测量到自己想要的东西了吗？还是说，我们的测量成了自己研究路上的绊脚石？

20世纪60年代中期，阿诺·彭齐亚斯（Arno Penzias）和罗伯特·威尔逊（Robert Wilson）就与这样的问题进行了一番斗争。两人一起研究一种超灵敏的特殊天线，用来接收新泽西上空绕地轨道卫星反射的一种微波。然而，彭齐亚斯和威尔逊的测量结果很奇怪并且令人费解，不符合他们头脑中的任何理论和对结果的预期。无论他们把天线转向哪个方向，无论他们是在白天还是晚上进行测量，他们总是接收到一种恼人的背景噪声。在目标波长范围内无法摆脱的、持续不断的嗞嗞声，似乎让任何有意义的实验都变得无用。

　　几个月里，彭齐亚斯和威尔逊一直在思考这种干扰可能来自哪里。是不是来自附近纽约市的无线电波？会不会与范艾伦辐射带（由地球磁场捕获、环绕地球的高能带电粒子环）有关？一番排查后，他们发现有鸽子在天线上筑巢，于是大费周章地将鸽子驱赶走，甚至把天线上的鸽子粪刮掉。即便如此，问题还是没有得到解决。鸽子粪便被清除了，但微波噪声依然存在。原因仍然无法解释。经过长时间的努力，两人只能说：这是一种非地球的微波辐射。它不是太阳发出的，甚至不是来自我们的银河系。那它来自哪里呢？

　　彭齐亚斯和威尔逊不知道的是，在几十千米外的普林斯顿大学，却有人幻想着探测到这种微波辐射。天体物理学家罗伯特·迪克（Robert Dicke）及其团队一直在思考宇宙的起源，他们看到了俄罗斯物理学家乔治·伽莫夫（George Gamow）早在20世纪40年代就提出的一个想法：宇宙在大爆炸后膨胀，填满了炙热、致密的物质，也产生了大量的辐射。我们通过计算可以断定，古老的大爆炸辐射，即宇宙中最古老的光，如今肯定以微波的形式辐射到地球。让彭齐亚斯和威尔逊恼火不已的噪声就是大爆炸留下的遗迹，如今它仍然以微波辐射的形式存在于宇宙背景中。

宇宙微波背景辐射理论给彭齐亚斯和威尔逊阐释他们的数据提供了全新的思路。两人曾经认为的恼人干扰，突然成了宝贵的数据。他们想通过清理鸽子粪摆脱的东西，却成了他们一生中最重要的测量结果。1978年，彭齐亚斯和威尔逊因发现微波背景辐射而荣获诺贝尔物理学奖。

数学的强大预测能力

微波背景辐射的故事就是说明错误和曲解也能推动科学发展的一个典型例子。有些完全正确的事情看似毫无道理，我们只需等待一段时间，直到有人提出合适的理论，然后一切便豁然开朗。

当然，科学理论不仅可以用来帮助我们厘清丰富的观察结果，还可以用来预测，在进行实验前就告诉我们实验的结果。从这点来看，数学对于自然科学的价值显而易见。如果一个科学理论可以用数学精确地描述，它就可以产生强大的预测能力。我们可以从相对论的故事中看到这一点。

爱因斯坦首次写下著名的场方程时，就已经知道，人们可以使用它们来计算行星轨道。然而他没有预测到，人们还可以用这些方程来描述其他自然现象。不久，德国天文学家卡尔·史瓦西（Karl Schwarzschild）用爱因斯坦的场方程推算出了一个疯狂的事物：一个密度无限大的点，时空在这里被无限扭曲，连光都无法从这里逃离。我们今天称之为"黑洞"。

爱因斯坦写下场方程时还不知道黑洞，但从某种意义上说，黑洞已经包含在他的方程中了。人们只需运用熟知的数学规则，就能通过场方程得出黑洞物理学。可以说，场方程知道了一些爱因斯坦还不知道的事，只有用数学才能将其引出。

关于数学在自然科学中发挥极为重要作用的最有力证明也许来自艾米·诺特（Emmy Noether）。1903年，她是德国第一批被允许进入大学学习的女性之一。当时，科学研究仍主要被视为男性的特权。仅仅四年后，诺特就完成了博士论文，她提出的理论很快引起了轰动。

希尔伯特邀请她去哥廷根大学。为了取得大学授课资格，她提交了一份论文，但当时德国的大学不允许女性教授大学课程，诺特的申请被驳回。希尔伯特觉得这简直不可理喻，他站出来支持诺特："学校不是澡堂！"然而，即便是当时全球最著名的数学家也无法改变这种情况。直到1919年，诺特才终于取得在大学授课的资格，并成为德国第一位女性副教授。

对称性是诺特的研究课题之一。对称存在不同的类型：一个正方形无论旋转90°还是180°，都和旋转之前的样子完全一样。因此，特定的操作能使正方形的形态保持不变，这种情况被称为"离散对称"。更有趣的是所谓"连续对称"，比如一个圆可以旋转任意角度，其旋转后形态不变。

自然法则中也存在这种连续对称性。无论我们转向哪个方向，宇宙的规则都是一样的。宇宙中不存在普遍适用的上方和下方。同样，宇宙中没有一个地方受到自然法则的偏爱。不管我是在这里做实验，还是在左侧两米处做实验，都不会影响实验结果。此外，时间也是对称的。我是今天做实验还是下周三做实验都没有区别，自然法则不会改变。

诺特的杰出思想是，连续对称与守恒定律存在深刻的联系，这就是"诺特定理"，现代物理学最重要、最美好和影响最深远的成果之一。

艾米·诺特

诺特能够仅靠数学证明：如果自然法则是连续对称的，那么宇宙中的角动量一定保持不变；如果宇宙中所有的点都相同，那么动量守恒定律一定适用，而能量守恒定律则来自时间的连续对称性。诺特仅靠数学就证明了物理学中最深刻、最重要的真理之一：能量既不能被创造，也不能被毁灭。

这一结果的奇妙之处在于，它一定适用于每个遵守连续对称性的物理理论。这意味着，我们在未来发现的新物理理论也遵循能量守恒。这仅仅与宇宙的对称性有关，与具体的物理假设无关。

数学不是一切

让数学与自然科学研究深入结合是一个好主意。但是，我们不能要求所有科学都像数学那样发展。

我们可以尽可能地模拟数学研究方法，以进行其他科学研究。例如，在物理研究中，我们可以就某些基本假设达成共识，然后从中推导出可观察到的真理。这看起来非常像数学研究，但两者之间仍存在一个重要区别：数学公理非常简单且一目了然，比如"0是自然数""任一自然数都有唯一自然数为后继数"。这些公理让我们谈论的数学问题变得有意义。我们不必再讨论这些公理，没有人可以反驳它们。

然而，物理公理通常复杂得多并且也不那么显而易见，比如"不受外力作用的物体会保持静止或匀速运动""力等于质量乘以加速度"。我们如果想用牛顿方程计算摆钟或行星系的运动，就必须相信这些定律。这无疑会产生一系列影响：我们如果相信牛顿定律，那么也肯定会相信，行星沿椭圆轨道围绕太阳旋转，或者吐出的樱桃核会沿抛物线落到地面。

我如果相信一个物理事实，并且像进行数学研究那样，以可靠的方式从中得出新的事实，就会相信这个新的事实。然而，牛顿定律是不是绝对的真理还有待商榷。归根结底，自然科学定律的可靠性来自它们与我们的观察相符。

我们必须认识到，自然科学是建立在不完美观察基础之上的科学。

我们必须接受，从观察到理论的跨越过程中存在一系列问题。我们的感官会欺骗我们，我们的期待会让我们感知到根本不存在的事物，我们的看法和偏见会妨碍我们对新结果进行正确分类。尽管我们的研究方法存在像脏抹布、脏水一样的错误，但我们往往能够得出像干净餐具一样清晰而美好的知识。

第五章

天下乌鸦一般黑

为什么所有的一概而论都是有问题的？

如何验证一颗樱桃不是乌鸦？

如何与卡尔·波普尔（Karl Popper）一起避免自己被欺骗？

如果我们无法证实某件事，我们可以反过来尝试证伪。

一名工程师、一名物理学家和一名数学家乘坐火车前往苏格兰。路上，他们看到一只黑羊独自站在铁轨旁。工程师喊道："真有意思！苏格兰的羊都是黑色的！"物理学家说道："结论别下得那么快！只能说，在苏格兰，有些羊是黑色的。"数学家生气地看着两人更正道："在苏格兰，至少有一只羊的一面是黑色的。"

找出真相是个体力活。每个人的大脑中都存在错误的理论，并且它们的数量每天都在增加。有两条腊肠犬对着我们狂吠，我们就会认为，这个品种的狗对人不够友善。当我们美美地吃着巧克力冰激凌漫步在罗马街头时，我们绝对会认为罗马的巧克力冰激凌世界第一。产生这类想法是完全可以理解的，也很正常，但它们远谈不上科学上的精准。要想尽量不出错，就必须考虑如何从观察结果转换到普遍规则，以及这些规则必须满足哪些标准，才能让人们普遍接受。

通常不能一概而论

寻找规则的最简单形式可能就是一概而论。我看到了一群乌鸦，注意到它们都有黑色的羽毛。这让我得出了一条规则：乌鸦都是黑色的。这是归纳推理，即从许多特殊个例中总结出一条普遍规则。

我们也可以反过来：当我掌握了一条普遍规则时，我就可以据此推理出个例。这是演绎推理。因为乌鸦都是黑色的，特奥是一只乌鸦，所以特奥也是黑色的。此外，还有一种溯因推理，即推理出一种最佳解释。乌鸦都是黑色的，有一只黑色的鸟掠过花园上空，所以这只鸟也许是一只乌鸦。

归纳推理、演绎推理和溯因推理彼此天差地别，尤其是在可靠性方面。演绎推理是确切无误的：如果乌鸦都是黑色的，且特奥是一只乌鸦，那么毫无疑问特奥也是黑色的。这个结论无须讨论，但我们可以质疑它的前提条件：或许某个地方有一种白色的乌鸦，或者特奥实际上是一只大斑啄木鸟[1]，但是被一些极端乌鸦迷诡辩为乌鸦。然而，我一旦接受了"乌鸦都是黑色的"和"特奥是一只乌鸦"这两个前提，就只能相信特奥是黑色的。

1　一种背和翅为黑色的啄木鸟。——编者

溯因推理是不可靠的。它甚至无法提供可靠的真相，只能提供一种合理的可能。因此，溯因推理不适合作为科学证明，但对医学等科学来说，它具有重要意义。如果一个小孩没有接种麻疹疫苗，并且在麻疹流行期间发热出疹，那么他可能感染了麻疹，但这只是一种猜测。只有在进行实验室检测后，我们才能有把握，这时我们就又用到了演绎推理。如果你体内有麻疹抗体，那么你一定感染了麻疹病毒。这个小孩体内检测到了麻疹抗体，所以他肯定感染了麻疹病毒。

最有意思的可能是归纳推理。从逻辑严密性来看，它也是不可靠的。即便我是一个"乌鸦专家"，并且我这些年研究的所有乌鸦无一例外都是黑色的，也没有人能够完全排除这样的可能：明天会有一只通身鲜红的乌鸦飞到我的窗台筑巢，并嘲笑似的朝我"啊啊"叫。我甚至不能排除这样的可能：某个时刻，全世界所有乌鸦就像接到了秘密指令一样，褪去黑色的羽毛，长出浅蓝色的羽毛。

归纳推理基于经验知识，但任何的经验之谈都是不可靠的。无奈的是，我们必须依赖它，因为我们别无他法。从个例到普遍适用规则的归纳推理对我们来说是再正常不过的思维活动。我们看到某种药物可以救一些病人，然后推理出这种药物是有效的。我们试用一台新的机器，如果它多次按照我们的预期运作，我们就会得出结论，这台机器的设置没有问题。我们津津有味地阅读了一位女作家写的几本书，便认为她是一位伟大的作家，我们还会喜欢她的后续作品。观察的次数越多，我们理论的正确性就越高。在某个节点上，所有的怀疑都消失了，我们便认为这个理论是绝对可靠的。

为什么我们对归纳推理的信任度如此之高？答案非常简单，因为它经过了验证。在过去，我们总是从个别经验推理出普遍规则，这通常行之有效。我们便会认为，现在也可以从经验出发推理出新的规则，新的规则在未来对我们也是有效的。然而，这个过程还是归纳推理。我们通过使用归纳推理来证明这种推理方法的有效性，这不是一个严谨的论证。

苏格兰哲学家大卫·休谟（David Hume）在18世纪详细研究过这个问题：只有当未来和过去相似时，我们才能通过观察推理未来。但是我们如何确定它们是否相似呢？过去，情况确实如此，未来总是与过去相似。然而没人能保证，大自然不会在某一天不再遵循规则运行。休谟认为，直觉告诉我们这种情况不会出现，我们别无选择只能相信它。

伯特兰·罗素曾经用一只火鸡的故事来阐释归纳推理。农场里有一只会归纳推理的聪明的火鸡。每天农场主都会给它喂食。它从自己的经历中推理出，农夫是它的朋友，对它全无坏心。每当农夫过来喂它时，它就会更确信自己的想法。直到它100%确信的这天，农夫扭断它的脖子,拔掉它的羽毛,做了一道橙子火鸡大餐。

在科学观察中,归纳推理的弊端并不那么让人担忧。如果我说我可以根据过去几个世纪的行星运行轨道推理出下下个星期四的行星位置,应该没有人会质疑。但是,存在更复杂的情况。"长远来看,每一次科技发展都会提高人类的生活水平。"这可能是正确的,但是未来必定如此吗?"人类造成的环境问题从未危及人类的生存。"我们能相信这种观点吗?"目前为止,人类不是在经历战争,就是处于下一场战争的前夕。"这是否意味着,战争永远无法避免?

谁要是天真地相信归纳推理,就会成为罗素故事里的火鸡,或者从六十层楼上掉下来,却想着"我已经顺利地下落了五十层,剩下的十层也没有危险"的人。

古德曼的乌鸦之谜:是黑色还是黄色?

下面,我们通过一个思想实验了解为什么直觉是一个复杂的东西。它的原型出自美国哲学家纳尔逊·古德曼(Nelson Goodman)在1946年发表的一篇文章。

首先,我们通过观察大量的乌鸦重新确定它们都是黑色的。为了增加一些趣味性,我们发明一个新词"施伟布"[1]。在日历中标出特定的日期,比如下下周二。现在我们定义:从宇宙诞生到下下周二,某个

---

1 没有任何意义的词。原文为schwelb,是德语schwarz(黑色)和gelb(黄色)的结合。——编者

物体如果一直是黑色的，就可以被称为"施伟布"。但在下下周二之后，当且只当一个物体是黄色的，它才可以被称为"施伟布"。

例如，现在一块煤是黑色的，它可以叫作"施伟布"。然而，它在下下周二后还是黑色的，它就不再是施伟布。一盏钠蒸气灯现在发出的光是黄色的，那么它现在不是施伟布。但是三周后，这盏灯仍然发出黄色的光，它就变成了施伟布。

如果我今天观察到的所有乌鸦都是黑色的，我就可以通过归纳法推断出：未来，乌鸦也可能是黑色的。我还可以提出其他观点：迄今为止，我观察到的所有乌鸦都是施伟布，因此我猜测乌鸦将来也是施伟布。不过，这就意味着，从下下周二开始，所有的乌鸦都会是黄色的。

当然，这个观点完全没有意义，也没有人真的会这么认为。但是你能通过认真思考找出其中的逻辑错误吗？事实上，这没有那么容易。我们甚至可以举出一些其他例子，说明类似的论点是完全正确的。

假设哈恩先生创办了一家公司，并以极大的热情亲自管理这家公司。在公司每年举办的小型年会上，他都会发表讲话。参加过几次年会的人可以推断出其中的规则：在之前每年的年会上哈恩先生都会致辞，未来也将如此。

然而有一天，哈恩先生将公司交给了迈特纳夫人。现在，由她负责管理公司并在年会上致辞。因此，"哈恩先生每年都会致辞"的规则不再适用。不过，我们在一开始可以更巧妙地表述这条规则。就像我们之前引入"施伟布"的概念一样，我们可以使用"公司管理层"这个概念，然后这样表达："公司管理层每年都会致辞。"在某个日期之前，哈恩先生负责管理公司；在这个日期之后，公司由其他人接手。这句话的逻辑结构与施伟布乌鸦的逻辑结构完全相同。一个术语的含义在某个时间点发生了变化，施伟布由黑色变成了黄色，公司管理层从哈恩先生变成了迈特纳夫人。虽然关于乌鸦的表述很愚蠢，但关于公司的说法是有意义的。

因此，在表述日常生活中的观察结果时，我们应该具备数学公式般的逻辑。当我们思考乌鸦、公司年会或科学观察时，许多重要的知识和理论会浮现在我们的脑海中，但我们往往并没有意识到这一点。我们不能完全脱离知识和理论单独思考某一句陈述。

显然，乌鸦不会在某一天改变颜色。这违背了我们对鸟类生物学和色彩物理学的长期研究和了解。同时我们也清楚，公司的管理者有时会从一个人变更为另一个人。正是不确定的假设，才让施伟布乌鸦的例子显得荒诞可笑，让年会致辞的例子显得如此自然。

亨佩尔的乌鸦悖论：樱桃是不是乌鸦？

一概而论还存在其他逻辑问题。假设我和某人掷骰子，对方总是掷出6。我便会怀疑他在游戏里作弊。在连续五次掷出6之后，当然仍存在第六次掷出6的情况，但当我越频繁地观察到对方掷出6，我对自己的怀疑就越坚信不疑。对方的骰子无法掷出其他数字，总是显示6——某个时刻，当我对这个一概而论100%确信时，我就会愤怒地跳起来，质问对方并让他把赌注还给我。

　　每当我们多看到一只黑色的乌鸦，"所有乌鸦都是黑色的"这个观点的可能性就会变高。我们可以换一种说法："如果某物不是黑色的，它就不可能是乌鸦。"这两句话的逻辑相同，就像"所有偶数都能被2整除"和"如果一个数不能被2整除，它就不是偶数"一样，它们只是针对同一观点的两种不同的表达方式。唯一的区别可能是一个听起来简单，另一个听起来复杂。但我如果相信其中一个，就肯定会相信另一个。

　　现在事情变得复杂了。"如果某物不是黑色的，它就不可能是乌鸦。"这个观点可以通过对任意非乌鸦事物的观察得到验证。我研究了一颗红樱桃，确定它不是乌鸦，这个观点就得到证实。我找到的非黑色的非乌鸦事物越多，我就越相信"非黑色物体不可能是乌鸦"这个观点。与此同时，我对"所有的乌鸦都是黑色的"这个观点的信任度也会增加，因为我们这两种说法的意思相同。

　　这让我们得出了一个相当荒谬的结论：我可以进行与我的论点毫无关系的观察，但这种观察仍然可以提高我论点的可靠性。我可以爬上一棵树，摘几个小时的红樱桃。然后，我不仅能烤出美味的樱桃派，还能在黑色乌鸦的问题上获得更多的确定性。当有人问我地球上所有的野生老虎是否都在亚洲时，我会回答："可能是的。让我看看厨房里的锅，然后我就能更确定这点了！"不仅是这点：通过观察厨房里的锅，我还强化了熊猫都吃竹子、所有闪亮的恒星都发生核聚变、所有宜居星球上都有液态水的观点。对热爱科学的宅男宅女们来说，这简直是梦寐以求的事：即使不用走出家门，也能研究重要的科学问题。

"非黑非乌鸦"悖论由德国哲学家卡尔·古斯塔夫·亨佩尔（Carl Gustav Hempel）在20世纪40年代提出。从那时起，这个悖论就一直让许多人困惑。一定是哪里出了问题。为此，我们要弄清这个悖论涉及哪些研究主题和实验。首先，第一个研究主题是论证"所有的乌鸦都是黑色的"这一观点。我们可以通过研究许多乌鸦来验证它。研究对象就是乌鸦。实验的具体内容就是检验它们的颜色。其次，我们希望验证"非黑色物体不可能是乌鸦"这个观点。我们要研究非黑色的物体。实验内容是验证这些物体不是乌鸦。只要非黑色物体中有一个是乌鸦，我们的观点就被推翻了。

只有在事先不知道实验结果的情况下，我们才能在实验中有新收获。每个正方形都有四个角，否则它就不是正方形，这是一条公理。如果我研究几百个正方形，数每个正方形的角的数量，那么我学不到什么新东西。同样没用的还有摘红樱桃并仔细检查每一颗是不是乌鸦。我们早就知道樱桃不是乌鸦，因此在研究后我们并没有比之前掌握更多知识。"非黑色物体不可能是乌鸦"这样的论点不可能受这种无用实验的影响。这次，我们的直觉是正确的：我们在采摘樱桃时不会学到任何关于乌鸦颜色的知识。

然而，如果我们不知道实验结果，情况就会截然不同。想象一个不同的场景：为了弄清是否所有乌鸦都是黑色的，我们遇到了一位鸟类学家，她多年来一直在收集、制作和保存各种各样的鸟类标本。她将标本按颜色分类：第一个房间里放的都是黑色的鸟类标本，第二个房间里放的都是其他颜色的鸟类标本。我们现在该怎么办呢？在这种情况下，去第二个房间看一看色彩斑斓的鸟类标本并检查其中是否有一只非黑色的鸟是乌鸦，具有非凡的意义。同样是研究非黑色物体，但这次我们会有新收获：我们可以在每次的观察中确定，非黑色鸟类与乌鸦的不同之处不只是颜色，还包括其他特征。这项研究对验证樱桃是不是乌鸦毫无意义，但它让我们收获了重要的知识。

在鸟类标本的情况下，亨佩尔的乌鸦悖论是正确的。每观察到一只非黑色的鸟不是乌鸦，我们就会更加确信，非黑色的物体不可能是乌鸦。同时，我们也会更加确信，所有的乌鸦都是黑色的。

无论这些怪异荒诞的事物如何扰乱我们的大脑，我们都无法摆脱这样一个大难题：归纳推理不是一种可靠的方法。但如果没有归纳推理，我们应该如何进行科学研究？不可能存在纯粹的演绎自然科学。毕竟，我们已经认识到：所有自然科学的基础一定是观察，否则它就不是科学，而是空想。然后，我们必须将观察结果转化为规则、定律或理论，否则它就不是科学，而是记录。无论从哪个环节看：从个别观察到一般规则的转换从来都不是无懈可击的。

我们即便进行大量个别观察，希望尽可能正确地得出一般规则，也无法保证自己不会犯错。这样的情况是可能发生的：在很长一段时间里，欧洲人都认为所有的天鹅都是白色的，直到荷兰船长威廉·德·弗拉明（Willem de Vlamingh）在澳大利亚探险时遇到了黑天鹅。

我们可能永远无法真正证明一个自然科学理论，至少无法在数学逻辑上证明。严格来说，自然科学从来都是不可验证的。唯一可以构建完全不容置疑的真理的科学只有数学。

下面的观点可能会让所有希望科学具备严谨的数学逻辑的人大为震惊。那位用纯粹的逻辑让数学变得更清楚的伯特兰·罗素曾犀利地表示：如果问题不能用归纳推理解决，健康和精神病之间就不存在任何区别。因为这样一来，科学观察和疯狂的想象之间的区别也是无法证明的。

那么，我们能做什么呢？

卡尔·波普尔：科学有可能出错

你如果不想忍受归纳推理存在的恼人的逻辑问题，就有两个选择：要么试着找出一个理由，说明为什么从个别观察到一般规则的归纳推理是合理的；要么像哲学家卡尔·波普尔那样，彻底拒绝归纳推理。

1902年，卡尔·波普尔出生于维也纳。他非常了解维也纳学派希望将科学置于无可争辩的逻辑基础之上的意图。然而，他认为给归纳推理的问题寻找有逻辑的解决方案根本是做无用功并且毫无必要性的。波普尔认为，科学根本不需要归纳推理。由于科学理论的构建没有预先设定好的方式，因此人们不必遵循某些规定，可以根据直觉自由构建理论。其中的细节对心理学或科学史研究而言是有趣的，但这不是想要推动自然科学发展的人需要考虑的问题。

不过波普尔认为，有一种方法可以实现科学理论的绝对确定性：人们虽然不能明确地证实它们，但可以明确地推翻它们。如果有人花了一生的时间观察乌鸦并且确定它们都是黑色的，那么他并没有证实"所有的乌鸦都是黑色的"这个观点。但是，如果他发现了哪怕是一只绿色的乌鸦，就已经明确地、有力地推翻了这个观点。

因此，"证明一概而论是正确的"与"证明一概而论是错误的"之间存在明显的区别。波普尔的科学理论，即批判理性主义，就建立在证实和证伪的不对称性上。人们不应该费力去证明一个科学论点是正确的，因为无论如何这都不可能真正成功。相反，人们应该专注于提出一个可被推翻的论点。只有能够被证伪的论点才是科学的，只要进行观察就能推翻它。

如果我不遵循归纳推理，就可以幻想一些非常奇怪的东西。例如，我可能会提出一个全新的引力理论：宇宙万物都蕴含着渴望结合的天穹之爱。与冷清空旷的外太空相比，孕育生命的地球承载的天穹之爱要多得多。因此，来自外太空的彗星经常被地球吸引，在大气层中燃烧自己，形成象征着星际欲望的炫目的风暴烈焰。出于同样的原因，物体也会被不可抗拒地吸引并坠落到地球上，它们受到这种结合需求的驱使，想要尽可能地靠近充满爱的母星。

除了猛烈的爱之外，还有一种充满尊重、始终保持一定距离的友谊。这也是我们观察到的现象：地球和太阳相互吸引，但是不会热切地冲向对方。地球静静地绕着太阳运行，与太阳保持着永恒的友谊。

我们可以用这种天穹之爱的引力理论来解释诸多现象，从坠落的苹果到行星轨道。我们可以用它来说明为什么较大的物体会产生较强的引力，因为它们有更多的空间来储存天穹之爱。我们甚至可以用它来解释为什么爆炸的碎片会向各个方向飞散。因为像爆炸这样不友好且暴力的运动在某种程度上与天穹之爱正好相反，所以吸引必然变成排斥。这符合逻辑。

尽管如此，但这一切都是胡说。没有任何有理智的人会把天穹之爱的引力理论当作一个严肃的科学理论。它的最大弱点是：无法被推翻。每一个我们可以想到的观察结果都能被重新解释以证实这一理论。一颗行星沿着一个奇怪的椭圆形轨道移动，在这条轨道上，它有时离恒星很近，有时又离恒星很远？这两个天体有时非常喜欢对方，有时又需要给彼此留一些空间。双星系统中的一颗行星进入不规则轨道，最终被抛出这个系统？它同时喜欢上了系统里的两颗恒星，并且难以抉择，于是决定独自美丽。

我们可以用物理学家沃尔夫冈·泡利（Wolfgang Pauli）的一句话来描述这类理论："它既不是对的，也不是错的！"只有能被证伪的理论才应该被我们严肃对待，这就是波普尔的证伪原则。如果有人提出理论，那么他必须说明在什么情况下他愿意放弃这一理论。当出现哪些观察结果时就意味着理论被推翻？在面对什么样的实验结果时他会承认理论是错的？无法回答这些问题的人就不是在进行科学研究。

冒险的勇气

爱因斯坦的相对论给波普尔留下了非常深刻的印象。这个理论也许看起来相当疯狂并且令人困惑不已，但它做出了清晰的、可验证的预测。爱因斯坦如果只是想被他的粉丝们视为物理天才，那他面前已经有了一条康庄大道。他可以在纯理论的演讲中围绕扭曲的空间和时间夸夸其谈，可以就能量和质量之间的关系进行长达数小时的哲学思考而无须写下任何公式。不会出现任何错误，也没有人可以反驳他。但那样的话，爱因斯坦就不会成为伟大的科学家。

实际上，爱因斯坦选择了风险更大的方案。他大胆地做出可被验证的明确的预测：如果相对论是正确的，那么恒星发出的光在靠近太阳时一定会偏转一定的角度。计算奇怪的光线偏转角度反而让爱因斯坦的理论变得脆弱，因为只要有一个不符合的实验结果，他的理论就会被推翻。如果爱因斯坦的预测被1919年的那场日食证伪，那么我们今天可能根本没听说过他的名字。科学就是可能会出错的。然而，相对论经受住了这次证伪考验，从而成为一个宝贵的理论。

证伪原则对区分科学与伪科学或神秘主义特别有用。比如有人说，除了可感知的世界之外，还存在一个微妙的精神世界。里面住着看不见的独角兽，它们可以从隐藏的维度获知一些秘密的信息。这些都是无法被推翻的，所以我们不应该浪费时间去研究这种理论。如果有人发现了独角兽在某个地方留下的蹄印，事情才会变得有趣。

同样，占星师含混不清的预测、奇迹疗愈师不靠谱的承诺或励志讲师毫无意义的陈词滥调都可以用证伪原则来分辨。他们告诉我们，只要我们想做，就能做成任何事情。如果我们成功了，那就是他们的功劳。如果没有，那就是我们的意志不够坚定。无论结果如何，基本论点都不会被推翻。但它不是科学的。实际上，正是这种预防理论被推翻的完美机制，让理论完全失去意义。

波普尔不仅用批判理性主义提供了一种区分科学与胡说的方法，还为科学提供了一个重要的行为准则：为了推动科学进步，新理论的提出不应该是保守和模糊的，而应该是大胆且精确的。好的科学理论需要尽可能大胆的预测，并且新的预测要与以往理论的预测存在显著差异。这样我们才有可能进行实验，从而弄清是否有必要放弃旧理论。

然而，这仍然没有回答一个重要的问题：我们应该在什么时候相信一个理论？我们清楚的只有两点：首先，无法验证的理论是不科学的；其次，被经验证明是错误的理论会被抛弃。那我们又该如何对待其他的理论呢？如果我们天真地将波普尔的证伪原则奉为最高原则，一个尚未经过检验的新理论与一个已经成功应用了几十年的旧理论就具有相同的地位。两者都是可证伪的，并且都从未被推翻过。既然无法证明哪一个理论是真理，那么是否可以认为它们是同样优秀的理论？

没有人真的会这么认为。如果有人提出了全新的飞行理论并制造出一架革命性飞行器，我不一定想第一个尝试，而是更愿意选择已经被多次证明适合飞行的飞机。波普尔也认识到了这一点，因此他谈到了理论的"可靠度"：如果一种理论的可证明程度比另一种理论更高，那么理智的做法是更信任前者。然而，这个想法与波普尔原本摒弃的归纳推理密切相关：我信任某种特定机型的飞机，因为这种机型的飞机多次安全起降，没有发生意外事故。这很容易让人联想到鸟类学家为什么会认为乌鸦都是黑色的，因为他观察到这种鸟一直都是黑色的。

沃森的卡片测试：假设我们错了

波普尔的证伪原则不能解决科学理论的所有问题，但我们可以从波普尔的批判理性主义中学到很多在日常生活中处理一个观点的方法。我们应该经常质疑自己的观点，不是寻找尽可能多的论据去证实，而是有针对性地尝试证伪。

但是，英国心理学家彼得·沃森（Peter Wason）通过研究表明，我们很少使用这种论证策略。他发明了一些实验来研究典型的逻辑错误。其中，1966年的"选择任务"实验非常出名。

实验听起来很简单：有几张一面为数字，另一面为黑色或白色的卡片。现在要研究以下理论：所有偶数卡片的背面都是黑色的。桌子上有四张卡片，朝上的一面分别显示7、8、黑色和白色。我们应该如何检验这个理论？你会通过翻哪张卡片来确定是否所有偶数卡片的背面都是黑色的？

大多数人首先会想到翻看那张显示数字8的卡片。这是完全正确

的，卡片8的背面一定是黑色的，否则这个理论就是错误的。然后，许多人都选择翻看黑色的卡片。他们认为，如果黑色卡片的背面是偶数，就进一步证明了这个理论。但从逻辑上看，这是错误的。无论黑色卡片的背面是偶数还是奇数，我们都没有获得任何新的信息。因为理论没有说奇数卡片的背面不是黑色的。

翻看白色的卡片是有意义的。如果这张卡片的另一面是偶数，那么"所有偶数牌的背面都是黑色"的理论显然就被推翻了。但实验里只有少数人这样做。我们本能地倾向于证明理论，而不是创造可以推翻理论的情境。比起与理论相矛盾的结果，我们更容易想起能够证实它的结果。这被称为"证实偏差"。

沃森在另一个实验中更清楚地说明了这个问题。这一次，实验对象的任务是找出沃森设计的数字规律。实验对象每次说出三个数字，然后沃森会告诉他们这三个数字是否符合规律。一开始只有一条线索：2、4、6这组数字符合规律。

大多数实验对象马上就从2、4、6这个数列中发现了规律，并用类似的数列进行尝试，如4、6、8或8、10、12。事实上，这两组数字也是正确的。于是，许多实验对象很快就确信他们找到了正确的规律。最热门的回答是"这是三个连续的偶数"。可惜这个回答是错误的，这不是实验要找出的规律。

实际上，沃森设计的规律简单得多：三个按升序排列的数字。因此，3、7、28是正确的，−1、π、6×1023 也是正确的。大多数实验对象只是尝试了能够证实他们假设的例子。这种情况被称为"正面测试"。明智的做法是努力寻找能够推翻自己假设的例子。用术语来说，就是对其假设进行"负面测试"。

如果经过一番猜测，你确信规律是三个连续的偶数，最好的检验方法就是去测试可以推翻这一假设的数列，比如3、5、7。如果负面测试的结果如你所料就是错误的，那么一切正常，你就会更信任这个假设。如果这个数字序列与你的预期相反，是正确的，你就学到了一些新的东西，比如在这个规律中数字不一定是偶数。如果只进行正面测试，你可能永远无法发现这一点。

质疑自己的想法

在某些情况下，正面测试是非常有意义的。我做出了好吃的千层面，并且骄傲地宣布我发明了完美的千层面食谱，我就会一直照着这份食谱做。我按照食谱做出了好吃的千层面，这是证明我观点正确的依据。从科学的角度来看，设想按照这份食谱会做出难吃的千层面，于是稍微改变食谱并按照新食谱做千层面，其实更有意义。如果所有改变都会让千层面变得难吃，这就是证明我观点正确的有力论据。

当然，对于烹饪，我们基本不会这么做。这是没问题的，烹饪不是为了寻找永恒的真理，而是为了得到所有人都觉得好吃的、非常具体的成品。但在科学领域，我们只有持续尝试推翻已有的理论，才会取得重大进步。

你如果只是证实自己的观点，可能会得到很糟糕的结果。无论是多么荒谬的观点，你总能找到一些能够证实它的证据。比如我认为，人类实际上是由来自外星的蜥蜴人统治的，他们能够变形并且变成人类的样子。

通过有针对性地寻找对立论据来分析这个理论是更明智的做法。对于人们观察到的现象，是否还存在其他更简单的解释？在什么情况下，那些人才愿意承认那些荒谬的观点根本是无稽之谈？我们又该如何检验这些情况是否属实？

重要的是，要尽可能多地质疑自己的想法。这一原则不仅适用于缜密的研究逻辑，而且能以更普遍、更抽象的形式被应用于我们提出的许多世界观。我们常满足于仅仅证实我们一概而论的想法：我们会选择接受符合我们理念的社媒消息，我们周围都是与自己有着类似观点的人。于是，我们每天接触到的新信息都让我们更相信自己的观点。偶尔尝试相反的做法才是正确的。让我们假设一下相反的情况，试着证伪自己的观点。也许我们还能找到支持对立观点的证据？如果我们没有发现什么有趣的东西，并且事实证明我们的假设是正确的，那就太好了。如果不是这样，我们也学到了一些新的东西。

第六章

不确定的不一定是错的

如何发现一颗行星？

如何让一颗行星消失？

为什么地球肯定不是平的？

我们应该在危急时刻捍卫科学理论，但不是不惜一切代价。

如果有人决定在下周三获得突破性发现，并在日历上用硕大的红字标注"科学突破"，我们通常会一笑了之。惊喜几乎不会按照计划出现。同样，我们也无法计划科学突破。

然而，1846年9月23日，情况有些不同。有人在柏林天文台的穹顶里调整望远镜，其目的就是书写科学历史。当时，人们一直在寻找太阳系中的第八颗行星。天文学家约翰·戈特弗里德·加勒（Johann Gottfried Galle）和年轻的大学生海因里希·路易斯·达雷（Heinrich Louis d'Arrest）非常清楚：那天晚上，他们有非常好的机会获得历史性发现。

　　这与寻找一个奇怪谜题的答案有关：太阳系第七大行星天王星似乎没有严格遵循自然规则运行。它的运行轨道上总是出现奇怪的不规律现象。很快便有人猜测，这可能是由于存在一颗距地球更远、尚未被发现的行星。这颗行星在比天王星更远的地方绕太阳运行，并且通过引力不断对天王星的运行产生干扰。

　　不过，如何才能找到神秘的第八颗行星呢？天王星是在1781年偶然被发现的。当时，威廉·赫歇尔（Wilhelm Herschel）与卡罗琳·赫歇尔（Caroline Herschel）兄妹正在用望远镜观察夜空。但是，用类似方式发现天王星以外的另一颗行星是不可能的，因为这颗行星的位置太远了，在望远镜中，它只是夜空中一个微小的、泛着微弱光芒的圆盘，在群星中缓慢移动。即使你偶然用望远镜对准这颗行星，也可能会错过它或将它误认为是一颗散发微弱光芒的普通恒星。

　　加勒和达雷拥有一个关键优势：他们非常清楚应该在哪里寻找这第八颗行星。法国数学家于尔班·勒威耶（Urbain Le Verrier）分析了天王星的不规则运行，并计算出肯定有另外一颗行星在某条轨道上运行，这样一来天王星的不规则运行就能说通了。如果神秘的第八颗行星真的存在，那么它肯定会在这天晚上天空中一个特定的区域被发现，即摩羯座和水瓶座的交界处。

勒威耶将他的计算结果送到了柏林，而收到结果的加勒在那里用望远镜观察这片天空。起初，他没有发现什么特别的东西，只有一些泛着微弱光芒的点。这些都是普通的星星吗？其中有没有他在寻找的行星呢？加勒一个接一个地瞄准这些光点，达雷则查看星图确认该位置是否存在已知的星星。不久，达雷突然喊道："星图上没有那颗星星！"人们寻找已久的行星就在那片天空中。他们在一夜间找到了它——名为"海王星"的第八颗行星。

此前，人们一直仔细观察夜空以确定天体的运行轨道。勒威耶却在他办公桌上的一张纸上发现了海王星的轨道，他甚至没有看向天空。

这可能是因为勒威耶使用了当时可能最强大、最可靠并且最经得起考验的理论，即牛顿在150多年前提出的经典力学。牛顿定律能让我们理解力和运动之间的关系，以及物体如何通过引力相互影响，从而让我们掌握行星运行的规律。牛顿当然不知道天王星，也不可能知道海王星，但是他在17世纪写下了沿用至今的星轨公式。

勒威耶和牛顿来自不同的国家，生活在不同的年代，但这并不影响他们的自然科学研究。勒威耶和牛顿从未见过面。没关系！他们是否喜欢对方？不重要！他们在算错数的时候会用不同的语言懊恼地说"我的上帝"。根本无关紧要！重要的是，他们都掌握了数学语言。

于是,勒威耶可以用牛顿的公式研究自己关于未知行星的假设。虽然牛顿早已去世,但他用科学可理解的方式写下了自己的想法,引起了另一位研究者的注意。科学让跨时空的思想传递成为可能。一个英国人发现了自然法则,一个法国人用它来计算行星轨道,两个德国人用天文望远镜验证了它的正确性。

迪昂-奎因论点:我们会成组地检验理论

现在,我们可以满意地点点头,并将前面的故事作为科学工作中激动人心的范例。波普尔认为,好的科学就应该是这样——理论与实验完美契合。勒威耶给出了清楚的、可证伪的预测。如果他只是懦弱含糊地说冰冷的太空深处存在太阳系的第八颗行星,一定没有人会提出反对意见。但他勇敢地预测这颗不知名的行星肯定会在某个时刻位于天空中某个具体的位置。这个预测可能会出错,但事实证明它是正确的。

我们还可以从完全不同的角度来讲述天王星奇特轨道的故事——把它当作对牛顿经典力学的检验。想象一下,天王星的轨道是由一个无聊的、毫无创造力的证伪主义者发现的,他无情地检验科学理论,并拒绝不符合观察结果的理论,就像自动取款机在检查到你账户透支时拒绝出钞一样。这位虔诚的证伪主义者甚至不会考虑是不是还会存在另外一颗行星。相反,他本来会得出正确的结论:行星的运动并不符合牛顿万有引力定律的精确预测,因此他不得不宣布牛顿的理论是错误的。

我们只要发现一只不是黑色的乌鸦，就会认为"所有乌鸦都是黑色的"这个观点被推翻了。那么，既然人们根据牛顿力学推导出每个天体都有特定的运行轨道，而受到干扰的天王星不符合这个规律，那么人们是否会因为这种不同就认为牛顿力学失败了呢？

当然不会。这是一种天真幼稚且毫无意义的证伪主义，通常不会出现在科学研究的日常中。如果每当预测与观察结果之间出现微小的偏差，人们就立即抛弃当前的理论，科学很快就会一无所有。在世界各地，每个研究实验室每天都会测量到与当前理论不那么相符的数据，但这大都不意味着科学出现了惊人的混乱，而仅仅代表人们忽视了某个细节。

严格来说，我们不会单独检验一种理论，而总是在每次实验中检验一组理论。这就是迪昂－奎因论点。我们在研究天王星的轨道是否符合牛顿写下的方程时，不只是在检验这个方程，而是结合了一系列其他假设来检验该方程，比如太阳系中存在特定数量的行星、我们的测量仪器能够发挥作用并告诉我们天体的正确位置，以及不存在其他未被发现的、会干扰结果的自然力。

如果理论与实验结果不一致，这些理论中至少有一个存在逻辑错误。然而，是哪一个呢？我们可以大胆猜测，牛顿力学是错误的。也许牛顿的方程与我们的观察结果吻合纯属偶然？也许一颗不愿意遵循规则运行的"叛逆"行星想要告诉我们，牛顿力学只是迷信？当然，当人们发现天王星的轨道不符合牛顿力学时，没有人会真的这么想。

世间万物的运行一直以来很好地验证着牛顿力学，简单断言其出错并不合理。更有可能的情况是，有个假设有问题，比如对太阳系中行星数量的假设。

当出现了用现有理论无法解释的特例时，绝不能忽视它。于是，人们引入了对它的假设：太阳系存在至今未被发现的第八颗行星。这个看上去牵强附会的假说取得了巨大成功。"随意"编造的一颗未被发现的行星真的被发现了，纳入这颗行星的"新太阳系"又像牛顿方程描述的那样运行了。天王星轨道怪象是威胁牛顿力学可靠性的一次严重危机，最后它却成了对牛顿力学的光荣证明。

但是，这一切都是正确的吗？这是一个科学进步的范例，还是一个偶然得到良好结果的科学理论骗局？当理论和观察结果不一致时，直接提出一个全新的假设就是一场豪赌。

如何捍卫"地平说"？

我们用一个完全不同的理论作为对比：地球是平的。在如今这个拥有可以跨大洋飞行的飞机、地球同步卫星和太空照片的时代，没有比地平说更疯狂的理论了。但是接下来，你要设想自己是一个狂热的地平说支持者。你认为地球是一个巨大的圆盘，圆盘的中心是被那些接受科学教育的愚蠢的地圆说支持者称为"北极"的地方，而圆盘的最外层则是名为"南极"的冰墙，它确保地球上的海洋不会向外流。太阳和月亮比地球小得多，它们在地球的上空做圆周运动。在它们的上方是其他恒星所依附的天穹。

现在，有人想要推翻这个地平说，并让其支持者相信地球是宇宙中一个会旋转的球体，他会怎么做？也许他会把我们带到海边，让我们看到帆船慢慢消失在地平线下。地圆说能够解释这一现象：帆船越驶越远，越来越多的船身被地球的弧度遮住，船身先消失，然后是船帆，最后整艘船都看不到了。

作为坚定的地平说支持者，你最初会觉得有点儿头疼，就像人们刚发现天王星的轨道不符合牛顿力学那样。不过，只要稍加创新，你就能解决问题。你可以宣称：海浪会起伏，尤其是当船驶过时。在这种情况中，海浪形成一座小山，把船遮住了。

你还可以用类似牵强附会的假设来否定地圆说支持者的其他证据。有人向你展示了从太空拍摄的圆圆的地球照片。你可以说它是伪造的，是贪财的"太空黑手党"的阴谋，他们会利用地圆说敛财。

有人邀请你观察月食并告诉你，月食是地球在月球上投下的影子。这个影子一直都是圆的，这只能用地圆说来解释。你可以回答：不对，月食与地球完全无关。月食发生时，一个未知的圆盘状天体会以特定的角度在太阳和月球之间移动，从而形成了圆形的阴影。

你可以继续玩这个特例假设游戏，直到对方失去耐心或丧失理智。但这些都不是地平说的科学证明。

现在的关键问题是：为什么人们为了继续相信牛顿力学而"编造"一颗行星在科学上是没有问题的，而你为了继续相信地平说认为海浪起伏会遮挡船体或者有圆盘状天体遮住月球就是不可以呢？

这是因为在第一种情况下，新的假说是对科学世界观的完善，使进一步的观察成为可能。是否存在海王星是可以通过观察验证的。人们还可以研究它对其他天体的影响，甚至可以发射太空探测器并研究其大气层中的风暴。"存在第八颗行星"这个假设使天文学世界观更丰富、多面和有意义。人们可以通过实验和观察验证的预测增加了。由观察结果和理论编织的网变得更大、更有支撑力。

优秀的特例假设就像梯子上多加的一个横杆，能让梯子更牢固，但其主要目的是让我们能够爬得更高（但是这个横杆至少能被证明有足够的支撑力，不会在第一次测试时就折断）。而糟糕的特例假设无法做到这点。它就像廉价的胶带，如果我们用它来修补快要散架的梯子，运气好的话，梯子支离破碎的时间能推迟一些，但这不能为我们提供更广阔的视野。拯救地平说的荒谬假说既不能增进我们对自然现象的理解，也没有为我们提供检验和解释某种事物的新方法。它不是可证伪的世界观的延伸，而是对非地平说支持者充满反感的抵御。

伊姆雷·拉卡托斯：硬核与软壳

当新的观察结果与现有的理论出现矛盾时仍然坚持该理论——波普尔无法接受这个观点。不过，1922年出生于匈牙利的科学哲学家伊姆雷·拉卡托斯（Imre Lakatos）解释道，有时这是必要的。拉卡托斯反对"天真的证伪主义"："如果只是因为新的观察结果与整个理论没那么契合，就立即认为整个理论被推翻了，这是毫无意义的。"相反，在科学领域，保护现有理论，使其免受攻击是必要的。

对波普尔来说，科学研究意味着不断怀疑自己坚信的事情：即使是最可靠、最好的论点，也必须一次又一次地接受人们想出的严酷考验。只有通过证伪，我们才能学到新的东西。这可能与疯狂的汽车工程师的策略不谋而合。他会让每辆车以尽可能高的速度撞向墙壁，直到坚固的车子变成一堆杂乱的零件。拉卡托斯肯定会同意，通过损毁车辆，人们能了解大量关于汽车的知识。但是，试驾驶一段时间可能也是有用的。只要能达到目的，保护汽车的关键部分而非摧毁它是更明智的做法。

拉卡托斯认为，科学理论是更大的思想体系的一部分。他称之为"研究纲领"。研究纲领可以改变，它由几个部分组成：中心是硬核，指基本假设。此外，还有各种辅助理论和外围假设，拉卡托斯称之为"保护带"。

例如，在牛顿力学中，一系列重要的自然定律显然属于该理论的硬核，比如力等于质量乘以加速度，即牛顿第二定律；任何两个物体相互吸引的作用力与它们的质量乘积成正比，并与它们之间距离的平方成反比，即万有引力定律。这些基本定律是不容讨价还价的。它们必须以特定的形式持续有效并存在。一旦它们被改变，牛顿力学就是完全不同的东西。

但是，保护带中存在一些可以被改变的外围假设，比如太阳系中存在哪些天体？日光如何在太空中传播？哪些光学定律解释了望远镜是如何工作的？虽然牛顿对这些问题也有明确的解释，但人们可以对它们进行反驳，无须对整个牛顿力学产生怀疑。

这有点儿像烹饪食谱：要想做覆盆子奶油蛋糕，就需要覆盆子和奶油。否则你做出来的就不是覆盆子奶油蛋糕。可以说，覆盆子和奶油是食谱的核心。当然有其他配料，但它们是可以变化的。例如，有人用人造黄油代替动物黄油。这些方面的调整是允许的，但不代表食谱是错的。

可能危及硬核的新知识势必会被保护带巧妙地拦截。人们必须尽可能好好地保护硬核，拉卡托斯将这一基本规则称为"反面启发法"。他将组成保护带的外围理论的调整规则称为"正面启发法"。保护带靠外的区域是否应该迅速、自发地进行调整，靠内的区域是否应该尽可能长时间地进行防御？在研究纲领中，哪些科学方法是有用的？例如，在牛顿力学中，积分就是一个非常有用的工具。而在覆盆子奶油蛋糕烘焙理论中，积分毫无用武之地。在天文学中，望远镜是公认的实用工具。但如果有人想用望远镜来研究印欧语言的起源，就是破坏了这门学科的规则。

基于科学纲领，勒威耶做得非常正确：天王星的轨道不符合牛顿力学。人们为了捍卫其硬核，改变其保护带，也就是引入第八颗行星。一切都很顺利，牛顿力学还是牛顿力学。

爱因斯坦消灭了一颗行星

然而，故事也可能有完全不同的走向。勒威耶对海王星轨道的预测取得巨大成功后，他想把自己的策略应用到天文学的另一个问题上：人们在水星轨道上也发现了奇怪的不规律现象。勒威耶猜测是否还可以用存在另外一颗行星来解释这种现象，他又计算出来了。勒威耶认为，在水星和太阳之间一定存在一颗行星。这颗紧邻太阳的行星的表面温度极高，因此他将这颗未被发现的最内层行星命名为"伏尔甘"，取自罗马神话中火神之名。

　　紧邻太阳处存在一颗在几千年天文史中从未被发现的行星，这虽然是一个大胆的假设，但在当时看来是完全合理的。如果有一颗离太阳这么近的行星，它就会永远隐藏在日光中。这与寻找海王星的问题完全不同：后者的困难之处在于，太空深处"伸手难见五指"，而"武尔坎"难以寻找是因为靠近太阳的地方太过晃眼。

　　当时的确有一些人着手验证勒威耶的"武尔坎"假设。不久，就有人声称看到了"武尔坎"。但有人并不认同，理由是缺乏像在某个夜里观测到海王星一样的清晰、无可辩驳的证据。随着时间的推移，人们寻找这颗行星的热情也逐渐减退。

　　直到1915年广义相对论的出现，"武尔坎"假设的命运才尘埃落定。勒威耶坚信牛顿力学，但爱因斯坦意识到，需要一种全新的理论来准确描述重力和行星轨道。他不满足在保护带上"小打小闹"，而是勇于打破牛顿力学的硬核，提出一套全新的理论。

　　事实上，爱因斯坦对水星并不感兴趣。他不可能只是因为一颗行星就提出新的理论。他一直在研究一些完全不同的、更抽象的问题，在这个过程中，他发现了新的空间、时间和重力定律。由这些新发现总结而来的理论有一个用处：计算行星轨道。根据爱因斯坦的公式计算出的水星轨道与观察结果存在惊人的一致性。所以，人们无须再费力寻找一颗行星，来解释水星轨道受到显著干扰的原因。根本不存在干扰，水星就在完全正常的轨道上，任何出现在太阳这样的大型天体附近的行星都会出现这种情况。爱因斯坦的新理论将这种反常情况变成了完全正常的天文现象。

当理论变得过时

你如果用同样的配方做两次蛋糕，就会得到两块好吃的蛋糕。然而，科学研究不是蛋糕烘焙。勒威耶在类似的情况下用完全相同的策略进行了两次尝试。他用未知行星的影响来解释已知行星的不正常运行，第一次取得了巨大成功，第二次以失败告终。这说明了什么？我们是否应该以勒威耶为榜样？

关键的问题是：我们什么时候应该尝试提出更多外围假设，以继续使用一种理论？什么时候应该认识到是时候提出一种新理论了？答案不是一概而论的，取决于这是一个充满希望的、仍然需要去除"原罪"的年轻理论，还是一个摇摇欲坠的、坚持下去只会增加不必要痛苦的陈旧理论。

拉卡托斯将研究纲领分为进步阶段和退步阶段。在进步阶段，对保护带的每次调整都会让理论更强大、更有意义。而处于退步阶段的研究纲领则无法做到这一点。有时，保护带的调整只是为了抵御硬核受到的攻击。但当理论不再产出新发现，其预测能力也不再增强时，人们就应该考虑放弃其硬核，尤其是当出现一种能更好解释类似观察结果的理论时。

我们可以将其类比为翻修房子：一栋有几十年历史的房子肯定需要一定程度的翻修。也许需要安装新的供暖管道，重新铺设屋顶，或者加固阳台。但房子的核心部分，即重要的承重墙结构不会发生改变。只要房子的状况不断得到改善，就没有人会抱怨。然而，有的时候，房子的问题已经不是翻修能解决的了。墙皮掉落，墙壁变得潮湿，天花板也出现变形。对房子进行修缮不再是为了改善居住质量，而是为了延缓其倒塌的时间。如果隔壁有一栋新房子正在建造，并且这栋新房子里不存在这些恼人的问题，那么搬进新房子也许是明智之举。

在区分科学和伪科学时，分清研究纲领的进取阶段和退化阶段是相当有用的方法。有许多看似真正科学的不牢靠的理论，比如顺势疗法。

顺势疗法的基本原理很简单：以同类制剂治疗同类病症。换句话说，引起某些症状的物质可以用来缓解其引起的症状。这听起来很奇怪，但并非一派胡言。当我按动开关后，灯会亮起；再次按动同一个开关，灯会熄灭。也许某些物质既能触发症状，也能消除症状。

这还不是顺势疗法的全部。时至今日，顺势疗法方剂的制作仍然遵循塞缪尔·哈内曼（Samuel Hahnemann）在18世纪末制定的规则。哈内曼被认为是顺势疗法的创始人，他在自己的著作中描述了"增效"的过程：对少量物质进行稀释，并按照特殊的仪式摇晃溶液。再取出少量溶液进行稀释，如此反复。很快，你就再也看不到、尝不到或闻不到原来的物质了，但还要继续稀释。物质的效果在此过程中得到增强。这是顺势疗法理论核心中的重要原则之一。

这种操作与我们的经验相矛盾。通常情况下，物质的量越多，效果就越强。如果我稀释苹果汁，它的苹果味就会变淡；如果我稀释蛇毒，它的毒性就会降低。顺势疗法并不符合这一原则，但这不是我们反对它的理由。

然而，顺势疗法的一个严重问题是，物质是由分子和原子构成的。哈内曼对此一无所知。如今，我们可以非常容易地计算出一定数量的物质中含有多少粒子。用这种方法，我们可以确定，在顺势疗法中常见的所谓"高浓度方剂"中很难找到有效成分的分子，只剩稀释剂。

这一认识本应让顺势疗法的可靠性陷入危机，毕竟没有有效成分的方剂怎么能起作用呢？不过，还是有人找到了一种维护顺势疗法的理论：如果有效成分不存在了，起作用的就不是分子本身。在稀释的过程中，一定有某种神秘的"信息"从物质中传递到稀释剂中。

水经常被用作稀释剂。因此，有一种假设认为，水分子能自发形成水簇[1]。事实上，吸引力会使水分子排列成链状。这就是对顺势疗法的解释吗？这些分子链能传递治愈力吗？

不，它们不能。你可以研究水簇保持稳定的时间。只需几分之一秒，水簇就会消失得无影无踪。抛开证据不谈，即使水簇能起某种作用，顺势疗法方剂早在你拧开瓶盖之前也过期了。所以，关于水簇的

1　把液态水看成由氢键结合的闪动簇团和自由水两者组成的混合模式。——编者

假设无法拯救顺势疗法。

我们可以按照拉卡托斯的标准判断，顺势疗法是处于进取阶段还是退化阶段。答案很明显：两个多世纪以来，顺势疗法没有提出一个可被证实的、无法被质疑的硬核。虽然人们围绕顺势疗法的保护带不断提出新假设，但是该理论的预测能力从未得到提高。

人们既无法解释方剂稀释后药效的神奇增长，也无法将该疗法应用到其他可能的领域。顺势疗法对物理学和化学毫无贡献。其微小的调整只不过是为了抵御不断进步的自然科学，这就是典型的垂死挣扎行为，是处于退化阶段的理论的典型特征。如果情况确实如此，那么我们就应该放弃该理论，宣布它失败了。

第七章

科学永存，革命万岁！

为什么科学不仅仅是反证？

化学是如何从一个巨大的错误中偶然诞生的？

中微子如何表明科学不是一个教条的教派？

虽然科学是不断变化的，但我们仍然可以信任优秀的科学理论。

维也纳市中心到处都能看到路障、旗帜和标语。1848年是革命之年，维也纳市民要求获得更多权利。游行现场如火药桶一般，军队与市民对峙，不久便响起枪声。

嘈杂声传到了奥地利皇帝斐迪南一世的耳朵里，他想知道外面的人在闹什么。有人向他报告："他们在闹革命，陛下。"据说，这位皇帝惊讶地问道："他们被允许这样做吗？"

街上的市民可能不会关心他们是否被允许闹革命。没有人会为了发起政变而寻求批准。革命的本质就是不遵守规则。科学革命也是如此。

托马斯·库恩：范式与革命

作为20世纪美国最具影响力的科学哲学家之一，托马斯·库恩（Thomas Kuhn）非常关注科学革命。不过，他关注的不是波普尔或维也纳学派哲学家们聚焦的研究逻辑，而是科学的社会层面：科学界如何应对革命性思想？科学进步如何在实践中发挥作用？

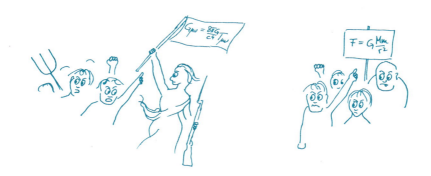

在一个国家的建立初期，之前使用的法律法规可能会不适用。当一个崭新的科学分支出现时，情况也类似。如果我们今天突然发现，自己一直都被看不见的外星独角兽包围，我们可以通过心灵感应与它们进行交流。在大吃一惊的同时，我们也不知道应该如何研究这些看不见的独角兽。哪些测量方法可以让我们的研究更进一步？新的独角兽研究学科会带来哪些问题？

库恩将新科学学科出现时的复杂的不确定性称为"前范式阶段"。在这个阶段，也许存在使用不同方法或者设置不同研究重点的竞争学派，也许有魅力的学科领导者试图玩弄政治把戏帮助自己的学说取得突破，但人们仍未就新学科的核心达成共识。只要人们在某个时刻就其核心达成共识，库恩所说的"范式"就出现了。现在的科学研究大都在"常规科学"的范式下进行，即人们在公认的基础假设上使用公认的规则回答公认有趣的问题。

例如，如今核物理就属于常规科学。当一名阿根廷女核物理学家向她的印度新同事介绍实验室时，两人应该是可以相互理解的，因为他们学习相同的公式，使用相同的测量方法，对一个碳原子中包含的质子数量有相同的看法。两人都清楚，推测氦原子的音乐风格完全没有意义，也不应该通过精密测量铽原子来研究袋鼠进化史。核物理这个领域的内容、方法和界限都是非常明确的。

这是一个显著的优势。常规科学是非常高产的。即使是在学科领域的角落，你也可以找到有趣的新事实，解决一个又一个细节问题，研发新机器和有用的应用。一切都可以顺利进行，因为没有人会将时间浪费在讨论基础原理上。在这个阶段，人们不会质疑已经达成的共识。如果人们严格遵守波普尔的原则，尝试推翻假设，这只会抑制该学科的快速进步。

然而，在这一阶段，人们也会遇到一些在现有范式框架下无法解决的问题。公认的规则无法提供答案，或者导致出现矛盾的结果。库恩称之为"反常"。反常情况的出现是非常正常的，我们无须担心。起初，人们会忽视它们，并相信未来能够以某种方式解决这些情况。然而，随着反常情况不断累积，人们的信心开始减弱。紧接着，有人可能会质疑公认的基础思想——范式陷入信任危机。

20世纪20年代，核物理便陷入了这样的危机。人们对粒子的奇怪行为感到困惑，他们发现，只有将粒子看作波，它们的行为才能得到解释。粒子是波，这个想法匪夷所思。

此前，人们完全笃定地认为粒子和波是两种截然不同的东西。一头圆滚滚的小象从三米高的跳台跳入泳池，泳池中会立即产生向四周扩散的水波。然后有人喊道："根据规定，大象不能进入泳池！"他的声音在空气中产生了声波。众所周知，声波也是正常的。然而，我们往往会将粒子想象成只会朝特定方向运动的小球。这样一个东西居然有波长？一个粒子能向四面八方扩散意味着什么？

依靠目前公认的自然规律，人们无法取得任何进展。令人困惑的新矛盾不断出现。物理学家沃尔夫冈·泡利沮丧地在给一个朋友的信中写道："眼下，物理又变得乱七八糟。无论如何，它对我来说太难了，我真希望自己是演员或者其他根本不懂物理的人。"

只有全新的理念才能让泡利对粒子的愤懑得到缓解。依赖过去的常规科学是不可能的，一场科学革命势在必行。就这样，包含全新的理念、公式和规则的量子物理学便应运而生。波与粒子之间的矛盾没有被化解，而是作为自然界的重要特征被纳入了新的宇宙观：粒子是波，波也是粒子。人们开始研究粒子遵循哪些规则，并认识到核物理学家必须遵循哪些规则，才能从量子物理学的新公式中得出关于宇宙的有意义表述。很快，泡利也开始乐观地看待这件事。在维尔纳·海森堡提出"量子力学"概念，即关于量子物理的第一条数学表述后，泡利写道："海森堡的力学再次给予我生活的乐趣和希望。"一个全新的范式就此诞生,人们可以用它再次探索常规科学。

新时代,新概念

科学革命和政治革命之间必然存在许多共同点。当人们举着旗帜和火把穿过大街准备攻占皇宫时,国王微笑着调整无害的法规细节,比如将司法大臣降职或者降低猫粮的价格,对民众来说无关痛痒。

革命意味着"游戏规则"发生根本改变。也许人们会烧毁皇宫,宣布成立一个共和国,并选出总统作为新领导人。如果有人说:"哦,总统就是新国王。"那他就没有理解革命。总统与国王并不相同。新规则使用新概念,新概念不能被完全转化为旧规则中的表述。因此,比较旧制度和新制度是一件困难的事。

科学革命也是如此。新范式中经常出现全新的问题,这些问题在此前根本没有意义。在现代量子物理学的范式中,人们可以计算出某种原子通过放射性衰变转化为另一种原子的概率。如果有人在更早的年代提出这个问题,比如询问19世纪的化学家或者古希腊时期原子理论的首批追随者,他一定会遭到嘲笑:"原子是永恒不变的。"你如果对他们提到了"原子衰变",他们一定会让你趁早回家先学一学基础知识。

科学革命与政治革命之间也存在区别。幸运的是,科学革命通常不会发生流血事件,也几乎不使用武器。从来没有人会宣称自己是物理学的统治者,也没有人会规定我们未来必须遵循哪些自然规律。范式转变不是在秘密会议中进行的，而是自然发生的。

在大多数情况下，人们很难说清范式转变何时结束。总有一些顽固势力认为所有的新理念都是胡言乱语，并在课堂上继续宣扬早已被推翻的范式。然而，这并不能阻止下一代人在新思想中成长并自然地接受新思想。多年后，这些年轻人会在课堂上将在过去被视为胡言乱语的、如今被普遍接受且不证自明的理念教给下一代人。

新范式之所以能被接受，不一定是因为所有人被新观点说服，而是老观点的追随者被年轻人取代。通常情况下，推动科学进步的不是诺贝尔奖颁奖礼，而是葬礼。

被推翻，然后呢？

无论你觉得一场革命是好是坏，疯狂的新思想颠覆整个科学学科总是令人兴奋的。因此，科学理论总是与反驳论点和推翻理论一起出现，就不足为奇了。

对波普尔来说，对论点进行证伪是科学的关键；拉卡托斯则认为应该在最初捍卫理论，然后在某个时刻用新理论取代它；库恩将科学史看作一系列革命，在这些革命中，一种科学宇宙观被另一种科学宇宙观取代。然而，真的是这样吗？颠覆是科学的关键吗？

我们并非因为科学论点会被推翻才对它感兴趣。没有人会在研究室里忙碌一天后怀着激动的心情回家并说道："今天，我又提出了一系列可能在明天被证明是完全错误的论点！"当然，如果一个在会议上对你出言不逊的同事在研究中出了错,你也许会感到一丝幸灾乐祸。然而,从根本上来说,科学不是推翻思想,而是构建思想。

当然,科学的进步有赖于广泛接受的观点被质疑,甚至是被否定。然而,你如果只关注这点就低估了科学。如果你仅仅将科学现状看成谬论的集合,并且认为它们之所以正确,是因为至今还未被推翻,那就大错特错了。

出人意料的是,这种误解普遍存在——如果科学是不断变化的,那它就不可信任!如果我们的认知随时可能会被推翻,我们就可能永远无法相信科学发现!如果我们今天嘲笑两百年前被视作科学真理的思想,那么两百年后的人们难道不会嘲笑我们如今坚信的所谓"真理"吗?

科学是不断变化的,这是一件好事。如果有人数十年来都一动不动,那么他不会被称赞意志坚强,他很有可能去世了。信仰体系与科学不同,有些信仰体系几个世纪以来都没有发生变化,这才是我们应该质疑的。

例如,占星术如今仍然用古巴比伦时期的方法,将黄道(太阳一年相对地球走过的路线)划分为12区,对应12个星座,尽管地轴已经移动并且星座位置也发生了改变。如同几百年前一样,如今还有人使用占卜杖寻找神秘的射线或水源。1891年,用于招魂的灵应盘获得专利。从那以后,招魂术再没有取得真正的发展,如今它的形式仍与当年相同。

这种稳定性不是优点。如果你因为神秘主义和伪科学的不变性而信任它们，那么你会因为坏掉的钟表指针一动不动而信任它吗？这都是毫无意义的。

有些观点可以被证伪。我坚信书桌的抽屉里有一块巧克力，但打开后失望地发现里面空空如也。我的观点就被推翻了，它毫无用处，然后会无声无息地消失并被遗忘。然而，提供了许多可核查的论点并且经受住多次考验的伟大理论不会发生这种情况。

因此，当我们谈论推翻一个理论时，我们必须仔细思考这意味着什么。一个理论存在局限并不意味着它是错误的。如果一个理论总能发挥良好的作用并产出有用的成果，那么它未来依然会奏效。旧理论不会因为一场科学革命带来新的、更准确的或者更全面的理论就被扔进垃圾堆。

绕旋转的轨道旋转

最著名的科学革命之一可以追溯至1543年。尼古拉·哥白尼（Nicolaus Copernicus）推翻了被普遍接受的地心说。他在《天体运行论》（*De Revolutionibus Orbium Coelestium*）一书中提出了大胆的论点，即地球绕着太阳旋转，而非太阳绕着地球旋转。

虽然这个观点在古希腊和古印度时期被讨论过，但没有被人们广泛接受。这也许是因为地球是宇宙中心的观点极其匹配我们的直觉：我们可以观察到太阳每天在天空中做有规律的弧线运动。我们脚下的地面稳如泰山，我们从来没有感到地球在旋转。有个叫哥白尼的人竟然想让我们相信，我们生活在一个巨大的圆球上，它以难以想象的速度绕太阳运行，并且还不间断地绕地轴旋转？

今天我们知道，哥白尼是对的。但当他提出疯狂的日心说时，这个观点并不具备优势：相比将地球作为宇宙中心的托勒密宇宙观，日心说不能更准确地解释行星的运行。

在地心说的时代，天文学已经是一门精密、复杂、高度发达的科学。所以，如果有人嘲笑哥白尼之前的天文学家都是穷尽一生观察天空却不清楚自己所在的星球如何运行的傻瓜，那么他才是应该被嘲笑的傻瓜。我们不应该只因为自己在学生时代学过地球绕太阳旋转，就觉得自己比当时的天文学家聪明，毕竟他们在学校学到的是完全不同的东西。

地心说是一种非常成功的、能准确预测天文观测结果的理论，但需要进行观测的人具备一定的数学天赋。例如，地心说可以解释人们自古希腊、古罗马时期便观察到的奇怪现象：行星逆行。

通常，行星会在天空中有规律地沿着弧形轨道运行。但有时它们会突然开始逆行，在空中画一个环形后恢复最初的运行方向。如今我们知道，这用日心说很容易解释：我们无法直接测量一颗行星的位置，必须以其附近的恒星为参照。我们通过观测这颗行星附近的星座来记录它的位置。这是因为我们所在的地球是一颗行星，它会绕太阳运行，而我们的观察角度是变化的。我们观测到行星在空中的位置，不仅受其自身运行轨道的影响，还受地球运行的影响。

由于不同行星绕太阳运行的时间不同，一颗行星超过另一颗行星的情况经常发生。当地球超过某个行星时，我们就会观察到这颗行星仿佛在空中划了一个圈。这只是基于观察视角不同的一种现象。

如果我们将地球想象成宇宙的中心，事情就会变得复杂。但有人用地心说也找到了一种解释：如果行星轨道呈现如此奇怪的形状，这肯定是因为行星并非沿着简单的圆形轨道运行，而是沿着所谓"周转圆轨道"绕地球运行。行星围绕一个看不见的点旋转，这个点又围绕地球旋转。换句话说，这些行星在绕地球做圆周运动的环形轨道上做圆周运动。我们还可以给周转圆加上周转圆，给周转圆的周转圆再加上周转圆……事情越来越复杂，但这对奇怪的行星逆行做出了非常好的解释。

哥白尼认为"周转圆理论"复杂得夸张，他深信肯定有更简单的解释。然而，没有科学论据来支撑他的观点，他的观点更多出于直觉。他只是认为，大自然"不会生产无用之物"。相较于"绕几乎无穷无尽的圆圈运行"，"行星绕固定的太阳运行"更容易理解。

支持日心说的主要论据不是准确性，而是简单性。然而不久，即使是简单性的优点也荡然无存了：为了提高准确性，人们向日心说体系中也引入了周转圆。日心说没有给人们带来太多的收获，一个重大突破不应该有这样的结果。这主要是因为数千年来，天文学的基础假设中藏着一个严重的思维错误——人们坚信可以用圆圈描述天体的运动轨迹。毕竟，圆是最完美和最简单的形状。

一直到17世纪初，约翰内斯·开普勒（Johannes Kepler）纠正了这一思维错误。根据他的"开普勒定律"，行星并非沿着完美的圆形，而是椭圆形轨道运行。17世纪末，牛顿发表了万有引力定律，人们终于开始从数学层面了解行星运行的真相。在开普勒之前（甚至在牛顿之前），坚持地心说都是毫无意义的。哥白尼的科学革命在他提出日心说之时开始。然而，直到他去世很久之后，革命才终于完成。

凭空出现的力

牛顿对科学具有重要的意义：他的经典力学告诉我们力与运动之间的关系。出于算数需要，他还发明了积分学。牛顿方程可以用于计算钟摆的摆动频率、水坝的受力情况或者当你被复杂的积分学搞得咬牙切齿，狠狠踢到桌角时脚趾承受的力。

$$\vec{F} = m \frac{d^2 x}{dt^2}$$

艾萨克·牛顿

对天文学来说，牛顿的万有引力定律开启了一个全新的时代。他关于重力的理论具有革命性。有些力是通过直接接触产生的，这很容易理解：你的猫咪跳到落地灯上，倒下的落地灯弄翻了咖啡桌，桌上的一块巧克力蛋糕被摔得四分五裂——一个物体通过碰触另一个物体使其运动。牛顿方程告诉我们，动量是守恒的。但是，你不能真的指望收集起来的蛋糕残渣和完整的巧克力蛋糕一样重。这一切不是特别复杂。

万有引力神秘得多：无须直接接触也能产生力。牛顿称其为"超距作用"，它在无限远距离也能起作用，甚至可以穿过真空，并且它是瞬时的。只要具有重量，任何物体在任何时间都会对其他物体产生引力——相当疯狂的想法。与牛顿同时代的一些人认为这种想法荒谬可笑。但最后，牛顿的理论凭借极强的说服力让反对者全都"哑火"了。

牛顿用简单的数学规则描述了万有引力：引力与距离的平方成反比。月球与地球之间存在一定的引力。如果月球与地球的距离是现在的2倍，引力会减小为原来的1/4。如果距离变为现在的3倍，引力就会减小为原来的1/9，以此类推。牛顿用这个简单规则推导出，不受其他天体影响、围绕恒星运行的行星沿椭圆形轨道运动。圆形轨道也是存在的，毕竟圆形是特殊的、特别对称的椭圆形。

通过牛顿的力学定律，我们非常明确地知道，为什么将完美的圆形看作所有天体的自然轨道是错误的。但圆形轨道已经非常接近真理了。你如果只是粗略地看一下太阳系的结构简图，几乎不会注意到八大行星的运行轨道是椭圆形的——它们都沿着近似圆形的轨道运行。

这样说来，圆形轨道的想法并非完全无用。我如果想计算地球从2月到6月围绕太阳运行的距离，可以在一分钟内借助圆形的公式估算出结果。如果用椭圆形的公式计算，结果会更准确，但计算过程会复杂得多。究竟是用过时的圆形轨道理论还是更准确的椭圆形轨道理论要视情况而定，比如我们需要怎样的准确性。

时空的扭曲

在200多年里，万有引力定律是我们这个星球上对天体力学的最佳描述。人们原本会相信，关于重力的完美基础公式早已被发现。然而，20世纪初出现了一场新的科学革命：爱因斯坦公布了他的广义相对论。突然间，一切又变得不同。

$$G_{\mu\nu} + \Lambda g_{\mu\nu} = 8\pi T_{\mu\nu}$$

阿尔伯特·爱因斯坦

对爱因斯坦来说，空间与时间是一体的，它们构成四维时空，就像长和宽是一体的，它们能构成二维平面。想象一下，一只不会飞的甲虫只能理解两个维度，它不知道除了左右和前后之外还存在上下，终其一生都在二维世界里爬来爬去。

如果将两只甲虫并排放在一张纸上，它们会并排向前爬。但如果将它们放在曲面上，情况就不一样了。假设它们在一个地球仪上，并排从赤道出发向北爬行。它们一直沿着完美的直线爬行，但彼此会越来越近，最后在北极撞在一起。对甲虫来说这是非常困惑的：它们之间仿佛存在着奇特的吸引力，使它们相互靠近。这当然是不可能的，它们的运动只是由曲面的几何形状决定的。类似地，根据广义相对论，万有引力不是传统意义上的力，而是几何效应。四维时空可以被扭曲。每个有质量的物体都会扭曲时空。质量越大，时空扭曲得越厉害。

因此，在时空中运行的物体的轨迹也会被扭曲。地球本来只是在太空中笔直地运行，但笔直的轨迹被太阳扭曲成了一个椭圆形轨道。物体的质量告诉时空如何扭曲，而时空告诉有质量的物体如何运行。

不过，两只甲虫的例子也不能把事情解释清楚，因为球体是将二维平面弯曲成了三维空间。但是被质量扭曲的四维时空不会向更高的维度扭曲，并不存在让四维时空波动的第五个维度。我们的时空被扭曲，就像一块布被几个人朝不同方向拉扯。布会变形，上面的每一根线都不再是直的，但它仍然是一个二维平面。

我猜看到这里，你可能还是不理解时空扭曲是什么。唯一的感受可能是，时空并不像你之前想象的那么简单。以上比喻根本无法让我们直观地理解时空扭曲，因为直觉没有这个能力。事实上，我们也不用理解，只要知道爱因斯坦找到了计算这些东西的公式，就够了。

爱因斯坦的理论不只是对牛顿方程的修正，而且是一场彻底的革命：他找到了一种全新的思考重力的方式。这是一种新范式，包含新概念、新公式和新结果。

然而，爱因斯坦的相对论也有一个严重的缺点：它的公式复杂得令人头疼。爱因斯坦自己也必须学习新的数学知识，以便理解究竟要做什么。

原则上，用牛顿力学计算的一切，同样可以用爱因斯坦的相对论计算：行星的轨道、液体分子的运动，以及我用尽全力从火车上吐出的樱桃核撞上对面火车挡风玻璃的速度。然而，牛顿力学的公式简单且实用得多，只有在某些特定情况下，牛顿定律与广义相对论之间才会出现差异。例如，根据爱因斯坦的方程，水星轨道是缓慢移动的；而根据牛顿的公式，水星永远在同一条不变的椭圆形轨道上绕太阳旋转。

快与慢的相对论

爱因斯坦不仅在解释重力上影响了牛顿的光辉形象。实际上，爱因斯坦不只提出了一个相对论，而是两个。在广义相对论重新诠释重力的十年前，他已经发表了狭义相对论，但其中没有谈到重力和时空扭曲。尽管如此，但如果牛顿仍然在世，狭义相对论的出现也足以让他睡不着觉了。

牛顿的经典力学包含一些在我们看来完全正常和不证自明的重要规则：一节28米长的火车车厢总是28米长，无论它是否与我们做相对运动。疾驰的火车内的时钟和火车站里的时钟走得一样快。然而，根据爱因斯坦的相对论，以上论断不太正确：对站在站台上的观察者来说，疾驰的火车看起来比停靠的火车短一点儿。此外，在疾驰的火车上，时间会走得更慢一些。这听起来相当令人困惑。更令人困惑的是，火车内的观察者会产生完全相反的感觉：从他的角度来看，动的不是火车，而是火车站。火车站正非常迅速地向他移动。他会得出结论，停在火车站里的火车比他乘坐的火车短。在他看来，火车站里的时钟比他佩戴的手表走得慢。

然而，以上影响极其微小，以至于我们通常注意不到它们。这是因为我们在日常生活中接触到的所有物体都在以非常缓慢的速度运动（至少与在相对论中发挥核心作用的光速相比）。一旦我们研究快速运动的物体，情况就大不相同了。此时，我们绝对不能忽视相对论的奇特影响。一个令人印象深刻的例子是 μ 子的运动。μ 子产生于太阳宇宙射线撞击大气层顶层分子的过程，是一种寿命极短的基本粒子。当它们以近乎光速的速度靠近地球表面时，会在几微秒内发生衰变。你如果用牛顿的运动方程分析，就会得出结论，几乎所有 μ 子都会在 μ 子到达地球表面之前衰变。

实际上，能到达地球表面的 μ 子的数量非常多。我们必须用爱因斯坦的相对论来分析：μ 子的运动速度太快了，以至于我们不能再用牛顿的公式对其行为进行描述。在 μ 子的运动中，相对论产生了非常显著的效果，对 μ 子来说，时间变慢了，因此许多 μ 子在衰变之前就到达地球表面。

这个例子向我们展示了牛顿和爱因斯坦的成果是如何相互结合的。爱因斯坦的理论更全面，因为它可以准确地描述快速运动和缓慢运动的物体，而牛顿的理论只能用于描述缓慢运动的物体。我们研究的物体运动速度越慢，两种理论就越能够得出一致的结果。在某种意义上，牛顿的理论是一个极限值，物体运动的速度越慢，爱因斯坦的理论就越接近这个值。但是，由于牛顿的公式比爱因斯坦的公式简单得多，所以当我们在研究缓慢运动的物体时，忽略相对论的影响是理智的做法。

早在美国国家航天航空局于20世纪60年代向月球发送火箭的半个世纪前，相对论就已为人熟知。尽管如此，但科学家们并没有使用爱因斯坦的方程，而是使用牛顿的公式来计算火箭轨道。即便是登月火箭，也属于牛顿力学能够提供发挥作用的缓慢运动的物体。

牛顿的理论并没有被爱因斯坦的理论推翻。牛顿力学一如既往非常有效，只是它的适用领域受到了速度的限制——牛顿无法想象到这一点。如今我们明白了这一点，我们也能够明确地说出何时应该使用牛顿理论，何时使用爱因斯坦的公式更有用。

不连续的量子世界

爱因斯坦的革命性理论不是在20世纪初扰乱物理学的唯一范式转变。量子物理学革命也几乎在同一时间发生，并且告诉我们，世界比牛顿想象的复杂得多。

在19世纪末，物理学看起来感觉已经完美无缺了。一些人甚至认为，它已经到达了终结点。当年轻的学生马克斯·普朗克（Max

Planck）向老师菲利普·冯·约利（Philipp von Jolly）询问其对自己未来研究的看法时，普朗克得到了一个令他沮丧的回答：没人能在物理学领域取得重要的发现了。也许某个地方还存在"需要检查和清理的灰尘或气泡"，但是物理学体系大体已经完整了。幸运的是，普朗克没有因此失去对物理学的兴趣。正是对物理学的坚持使他对即将到来的革命做出了重要的贡献。普朗克尝试解释一种似乎与牛顿理论毫无关系的现象：为什么一根发光的金属棒在持续加热的过程中先发出红光，再发出淡蓝色的光。

普朗克为此找到了一种完美的解释，但它必须引入一个额外的、全新的常数：普朗克常数——这是一个革命性举动。1900年，普朗克在其公式中将普朗克常数简写为字母 h，它只是一个"辅助量"。他后来说："我当时并没有想那么多。"这只是一个计算技巧。

然而，普朗克无伤大雅的辅助量是人们朝量子理论迈出的第一步。借助这个新的自然常数，普朗克得以表明，在特定情况下能量只能以特定份额释放。如今我们称之为"能量量子化"。就这样，物理学开启了量子理论时代。这个思想完全不符合牛顿的宇宙观。牛顿认为，自然界是连续的。一个球体如果可以以2.51米/秒的速度在地面上滚动，就可以以2.48米/秒的速度滚动。牛顿的宇宙观允许任意值的存在。但在量子理论中，有些物理量只能有非常特定的数值。一切介于两个相邻特定值之间的数值都是禁止的。

然而，量子理论中两个相邻的特定值通常是紧挨着的，以至于在我们看来它们就是连续的。这类似于高分辨率液晶屏幕：它由一个个像素组成，我们可以称之为"图像量子"。我们如果与屏幕保持一定的距离，就无法辨认出单个像素。屏幕上的图像看起来是连续且平滑的。

有时，我们可以支持地平说

20世纪初，牛顿力学几乎同时被量子力学和相对论重新审视。某种意义上，牛顿力学失去了作为领先理论的地位。在这之后，人们不再将其视为宇宙万物必须遵守的绝对准确的终极理论。但它并没有因此失去价值。

牛顿的公式一如既往地被用于许多不同的学科研究：将卫星送入太空、制造电动机、搭建桥梁等。几乎没有比牛顿力学更有用、用途更广泛的理论了，并且这种情况以后也将继续存在。

我们可以从中窥见科学的稳定性：当一个理论达到一定程度的预测力，它便不再是无用的。它如今已经做到的事，未来也能做到。一个理论可能会过时，但不会失去预测力。从这个意义上来说，一个优秀的科学理论永远不会被推翻。

这甚至适用于那些我们认为早已过时的理论：如今众所周知，太阳并非绕地球旋转。然而，当我在沙滩上为我的遮阳伞寻找合适的位置时，我就会将太阳想象为移动的光源：在北半球，太阳在白天会向右移动，这告诉我影子会朝哪个方向移动以及我应该将伞放在哪里，以便在两个小时后仍然躺在阴凉里。我会和地心说支持者一样，认为海滩是宇宙的中心，而移动的太阳在天空中做圆周运动。

相反，如果此时我不想违背现代天文学宇宙观并说道："地球的自转会改变伞与太阳之间的夹角（但这里也存在错误，太阳并非静止不动，它会围绕银河系中心做高速运动），夹角的变化使阴影不断变化。"我的话音未落，最好的位置已经被抢走了（或者所有人都逃走了，因为不想忍受我的喋喋不休）。日心说已经过时了。如今，再没有人会像哥白尼时期常见的那样，通过组合多个周转圆轨道来解释行星的运动。尽管如此，但在15世纪能准确预测行星位置的公式如今依然能够提供正确的结果。

数学可以证明，不只是行星轨道，甚至是复杂得多的轨道都能由周转圆运动组成。当我们将足够多的周转圆组合在一起，就可以画出一只用鼻子顶着高脚杯的喝醉的北极熊。虽然周转圆理论如今对于描述行星轨道是过时和复杂的，但它仍然是正确的。

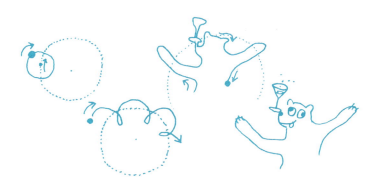

那么，早被推翻的愚蠢的无聊理论地平说呢？其实我们每天都在使用它，并成功预测了一些事情。在日常生活中，我们最多在去遥远

的国家旅行以及计算时差时才会思考地球是一个球体。然而，在去办公室的路上，地球表面是否弯曲无足轻重。我们可以精彩地度过每一天，完全无须考虑我们生活在球体的表面。我们在测量地产边界、计算足球场面积或绘制路线图时都会按照平面几何规则进行测算，仿佛我们相信地球是一个圆盘。作为天文学宇宙观，这种想法是可笑的，但作为日常生活的工具，它是有用的。

有时，我们可以支持地平说。

燃素说：介于科学与胡说之间

当然，科学史上也经常出现许多后来被证明是胡说八道，因此消失得无影无踪的观点。它们不是能经受住各种考验的成熟完善的理论，而是预测力有限的论断，比如自然发生说。

自然发生说认为，生命是由非生命物质自发产生的。这为不讲卫生的人提供了非常实用的借口。如果有客人来访，恶心的小虫子却从地板缝隙里爬出来，这与他每天从餐桌上扫下去的面包屑无关，而必定是神圣的自然发生现象。毕竟昨天这里还是干净的！

当然，对了解小虫子是如何产生的生物学家们而言，这种思想没有任何意义。自然发生说绝不是一个成熟的科学理论。它的预测力并不比"有时动物会在你想象不到的地方爬行"强。颅相学试图根据一个人的头型推断其智力和性格，如今再没有人会相信它。即便是在颅相学有一定影响的19世纪，它也不是能真正解决问题的科学。它对个体的预测无法在科学实验中得到证明。

燃素说也消失了。18世纪，有人试图用一种假设的物质——燃素来解释燃烧的化学原理。这很有趣，因为这个理论介于科学与胡说之间。你既可以说"在所有尚可被称为科学的理论中，它是被推翻得最彻底的那个"，又可以说"在所有基本被推翻的理论中，它是保留内容最多的那个"。火是非常奇怪的东西。如果我们扔些东西进去，这些东西就会变热，然后开始发光并突然散发浓烈的气味。我们无法通过烧剩下的东西看出其原来的样子。这意味着什么呢？

从今天的视角来看，事情很清楚明了：火花引发了化学反应。空气中的氧气与燃料发生反应。原子间的化学键被破坏，然后形成新的化学键，这个过程会能量释放，即我们感知到的光和热。在这之后，之前呈固态的物质中的一些原子可能会变成气体飘走，但火焰不会让之前存在的原子消失，或产生新的原子。燃烧前存在的所有原子在燃烧后依然存在，只是以新的分子形式存在。

然而在18世纪初，人们根本不知道原子的存在，也没有人听说过氧气。古老炼金术关于水、火、气和土四种原始元素的理论仍然发挥着重要作用。今天的人们很难想象，从神秘的炼金术到科学化学的飞跃是多么困难。当时，这个领域几乎不存在任何可以参考的可靠知识。人们只能进行实验、观察和思考。

格奥尔格·恩斯特·施塔尔（Georg Ernst Stahl）便是当时勇于尝试的人之一。他坚信肯定存在一种引起燃烧的物质，并且将其命名为"燃素"。燃烧得几乎一丝不剩的炭包含许多燃素，而金属只包含少量燃素。燃烧时，燃素被释放并扩散到空气中，剩下的是不可燃的、不含燃素的残留物。这当然是非常错误的想法，但并不完全错误。至少"某种特定的物质（氧气）在燃烧过程中发挥关键的作用"是正确的。然而，这种物质并不是从燃料中释放出来的，而是来自空气中，它会与燃料中的原子相结合。在某种意义上，施塔尔把燃烧过程完全弄反了。

如果你用玻璃杯完全罩住一支燃烧的蜡烛，那么玻璃杯中的氧气迟早会耗尽，蜡烛就会熄灭。你如果相信燃素说，就必须解释这种现象：为什么空气只能吸收一部分燃素？当空气中的燃素饱和，蜡烛就无法继续燃烧，因为蜡烛不能向空气中继续释放燃素了。

如果罩住蜡烛的玻璃杯中填满了纯氧，火焰就会特别旺盛。有人注意到了这个现象，并认为它是"脱燃素气体"，能够吸收特别多的燃素。

施塔尔未能用他的燃素说正确揭秘燃烧的化学原理。然而，他的部分思想是智慧且影响深远的：他明白燃烧的过程中有多种物质参与，这些物质能够同时发生变化。一种物质释放燃素，另一种物质吸收燃素，这让人或多或少联想到我们今天熟知的化学反应式。他甚至还断定这些过程可以逆向进行，今天我们称之为"氧化"和"还原"：燃烧的炭会吸收氧气，炼铁炉里的铁矿释放氧气，最终留下纯铁。施塔尔认识到这些过程是相互关联的。此外，燃素说的支持者们也清楚，呼吸和钉子生锈发生的化学反应应该与燃烧相同。燃素说的出现至少为纷繁的化学带来了一些系统性和秩序性。

不久，人们在燃素研究领域遇到了严峻的问题：测量结果无法很好地组合以形成有说服力的证明。金属燃烧的残留物比初始物质还重。按照燃素说，金属中的燃素本应被释放了。这该怎么解释呢？燃素说的支持者解释道："燃素一定是负质量的。"但这不可能是正确答案，因为其他物质，如木材或炭，在燃烧后重量会减轻。

直到17世纪七八十年代，法国化学家安托万·拉瓦锡（Antoine Lavoisier）才消除了人们的困惑。他在密封的容器中进行实验并确定，化学反应前后物质的总重量不变。拉瓦锡的实验表明，燃素说可以被抛弃了。他对化学反应的解释与我们今天知道的解释相同：金属燃烧后会变重，因为空气中的氧气与金属结合。有些燃烧过程中会产生气体，如二氧化碳或水蒸气，气体会直接逸出。

如今，拉瓦锡被誉为"现代化学之父"。我们现在对化学元素的理解要归功于他。他甚至还认识到，不同的化学物质总是以特定的比例发生反应。这是物质由微小粒子——原子组成的关键论据。在化学反应中，原子总是与特定数量的其他原子结合。

显而易见，燃素说的提出是化学史上的重要一步，但它的基础思想是错误的，燃素并不存在。我们现在是否还能找到这样的例子，它最初看起来有用且可靠，但会随着时间的推移被完全推翻并且消失得无影无踪？这是否意味着，如今被我们视为完全可靠的科学知识迟早会被动摇呢？不是的。燃素说在当时还不是成熟的理论，没有在严格的实验中得到证实。它只是给相对可控的实验结果带来了秩序。燃素说只是一种猜测，因此它的消失也并不让人惊讶。抛开以上不谈，燃素说仍有一部分理论没有被推翻，它们继续存在于现代化学中。当然，留存下来的不是燃素说的核心思想，而是围绕着它的重要思想。

我们必须学会区别对待：一方面，我们如今认为正确的科学思想有可能在未来被证明是错误的；另一方面，由许多这样的思想、数据和论点组成的成熟的科学理论是我们拥有的最稳定的东西。它在未来也会是正确的。

中微子超光速运动之谜

然而，如果我们通过以上内容得出科学不会出错且不可推翻，科学不就变成宗教了吗？自然规律就是教条，我们会像教徒听从教条一样信赖自然规律？

绝对不是这样。不变的科学理论与教条之间存在重要区别。没有人会轻易相信自然规律。它们随时有可能被核查、质疑和重新审视。在现代科学中，可靠的理论都是非教条式的。2011年中微子反常的故事证明了这一点。

当时，有科学家进行了高度复杂的实验来分析中微子。结果令人困惑不已，并且没有人能解释个中缘由。全球顶尖的物理研究所都在分析这些惊人的测量数据：这只是一个愚蠢的错误，还是有人动摇了科学史上最可靠的自然规律之一？

中微子是基本粒子。事实表明，它几乎不与普通的物质相互作用。我们的每一寸肌肤每秒都会受到数十亿中微子的撞击。绝大部分中微子来自太阳。它们穿地球而过，不会撞上一个原子，因此很难被发现。虽然中微子在地球上广泛存在，但是我们只有借助大型探测器，才偶尔能够探测到中微子。

中微子极轻，能以非常快的速度运动。2011年，在巨额经费的支持下，科学家们进行了中微子运动速度的研究。在欧洲核子研究中心（位于日内瓦）的一台粒子加速器中，质子被射向石墨，两者碰撞后产生中微子。其中一些中微子飞越700多千米的距离，被位于意大利格兰萨索的一台5000吨重的中微子探测器记录下来。粒子产生地与探测器之间的距离测量误差不超过1米。借助卫星和原子钟，中微子的飞行时间被精确到了纳秒级别。

研究结果令人大吃一惊。科学家们本以为中微子运动速度接近光速。然而测量结果表明，中微子的运动速度超过光速。

在现代物理学中，物质运动速度超过光速是最"离经叛道"的事情之一。光速绝对是宇宙中最快的速度。没有任何东西的运动速度能超过光速，粒子、信号、信息都不行。这不仅仅是基于丰富经验得出的结果，它深深地根植于爱因斯坦的相对论中。如同我们无法接受大象能被装进鞋盒，存在运动速度超过光速的粒子也很难被现代物理学接受。

进行测量的研究小组当然知道这一点。最初，他们坚信有什么地方出错了，于是检查仪器——排除可能的错误——再次进行测量，但结果还是一样：从日内瓦到格兰萨索，测量到的中微子运动速度总是超过光速。

研究结果就这样被公布了。研究小组没有大张旗鼓，也没有庄重宣布自然规律被颠覆。他们只是公开了测量的内容、对离谱的结果进行了哪些核查，以及已经排除了哪些可能的错误。所有数据都被记录下来并且在仔细核查后被发布。

如果科学是一种教条式的学说，那么研究小组应该早就接受了一场世界性的愤怒风暴，但这没有发生。没有人被当作科学的异教徒，也没有人因为严重违背相对论的教条被赶出大学或者被逐出研究所。恰恰相反，全世界都对这些结果产生了浓厚的兴趣。大多数专业人士认为，测量过程一定存在错误，但绝对是令人惊讶且有趣的错误。有时，我们从错误中学到的东西丝毫不逊色于从伟大真理中学到的东西。

实验使用的钟表是否有可能不完全同步？中微子产生地与探测器所在地之间的实际距离是否比测量结果更近，因为研究者没有考虑到地球的自转？还有更加疯狂的解释，比如中微子是否可以通过额外的空间维度走捷径？外界有很多猜想，但质疑声仍然很大，并且理由充分。例如，我们观察到了超新星爆发，这种剧烈爆炸会释放中微子和以光速穿过太空的电磁辐射。如果中微子的运动速度超过光速，我们在超新星爆发的光抵达地球之前就能记录到抵达地球的中微子。但情况并非如此，光和中微子近乎同时抵达地球。还有一些人思考，如果中微子的运动速度可以超过光速，那么他们还能从著名且经过充分核查的物理学公式中得出哪些其他结果。这些结果与哪些实验的观察结果相矛盾。

几个月后，即2012年2月，答案最终被找到，但它明显没有想象

中的那么令人惊讶：一条连接不良的电缆导致测量结果失真。当问题
被解决后，神秘的超光速消失了。中微子规规矩矩地遵循爱因斯坦的
宇宙速度极限飞行，如同正常粒子应该表现的那样。

　　超光速中微子之谜的谜底非常乏味。所有希望测量结果能为物理
学基本定律提供令人兴奋的新见解的人大失所望。然而，这个故事直
截了当地证明了一件事：无论测量结果与公认的科学基础多么相矛盾，
只要它们被真诚地公布出来，科学家们就会认真对待它们。我们只要
准备好问题并认真检查了结果，就不必担心犯错误，也无须担心被嘲
笑、被当作疯子或者神秘主义者。

第八章

尽可能简单

为什么完美是无用的？

如何用奥卡姆剃刀抵御裤子妖精？

如果有一天神秘主义被证明是正确的，会发生什么？

科学与终极事实无关，与正确的工具有关。

有人用手提钻去钻美国总统的鼻孔？没关系，他们不会介意，因为这只是石像。在美国南达科他州的拉什莫尔山上，工人们耗时14年在山体上雕刻了乔治·华盛顿（George Washington）、托马斯·杰斐逊（Thomas Jefferson）、西奥多·罗斯福（Theodore Roosevelt）和亚伯拉罕·林肯（Abraham Lincoln）4位美国前总统约18米高的头像。

工人们使用了各种方法：首先用炸药让大致的石像显露出来。大部分山岩被炸开，成吨的碎石隆隆地向山谷滚落。然后轮到手提钻。工人们吊着安全绳，在岩石上钻孔，直到岩石能比较容易地凿开。最后他们用凿子雕刻出美丽、流畅的石像表面。

所有方法都有各自的意义。工人们并非因为对炸药的效果不满意才将炸药换成手提钻，而是因为炸药已经完成其使命，后续的工作需要其他工具。手提钻也没有被否定或被证明是不当的工具，工人们只是不再需要它。

想要的准确性越高，使用的工具就必须越精细。科学研究也是如此。如果放大镜的精度不够，就要使用显微镜。如果简单的理论不够用，就必须使用复杂的理论。然而，这并不代表简单的理论是糟糕的理论。

太准确也不对

我们要计算飞机从维也纳到纽约的飞行时长。如果飞机以大约900千米/时的速度飞行，那么6800千米的航程意味着我们要飞7~8小时。

算上飞机起飞和降落的时间，用时可能会更长。这种简单的计算方法至少能让我们对飞行时长有大致的了解。

要想得到更精确的结果，我们就要用到一个复杂得多的跨大西洋飞行模型。我们需要仔细地研究飞行路线，考虑到飞机加速和减速阶段，研究天气并考虑风向。

这一套操作下来，我们对飞行时长的计算肯定更准确。运气好的话，我们也许会在飞行结束后发现，我们的计算结果与实际飞行时长只存在几分钟的误差。这一结果让我们兴奋异常，我们决定在下一次飞行时长计算中得出一个更精确的结果。我们测量飞机在跑道上的起飞点和着陆点，将结果精确到毫米级别，以便能够算出更精确的距离。我们强迫所有旅客在登机前站在精密的体重秤上，以便得到飞机总重量的确切数值。

这会让我们的计算结果会更准确吗？基本不会。我们只不过通过这些操作来制造表面上的精确性。飞机是否再向前移动一段距离才起飞，或者飞机的总重量是否会多几千克，这些对飞行时长的影响远小于不可预测事件的影响。例如，北大西洋上空刮起大风，或者飞行员急需上厕所因而匆忙、粗暴地操纵飞机降落。

我们甚至可以在计算时考虑相对论：在高速飞行的飞机上，时间会变慢。此外，高空的地球引力比地表稍弱，根据相对论，这会让飞机上的钟表走得慢一点儿。通过极其细致的实验，我们可以确定这些影响会使飞行时长发生几纳秒的改变。

我们应该将一切额外影响纳入我们的计算模型中吗？绝对不应

该！将一切纳入计算模型的做法不仅无用，还与科学规则相悖。用爱因斯坦的方程来计算飞机的飞行时长，就像妄想只用砂纸来打磨出拉什莫尔山上的石像一样可笑。

我们必须根据具体的情况选择正确的工具。科学的目的不是创建一个包括尽可能多复杂细节的模型，而是要解决实际问题。我们希望建立一个与我们的观察结果尽可能一致的现实模型。额外的细节有时有帮助，但有时没有。不必要地使用细致且复杂的理论来增加自己的工作难度，不是值得称赞和加分的勤奋行为，而是需要受到批评的科学错误。

万物理论不是解决方案

看到这里，你可能会感到困惑：难道科学不应该更注重细节吗？要想尽快完成某个任务，简单自然是上上策。不过，要想发现新理论，我们该怎么办呢？通常，我们可以通过关注细节，通过仔细观察和深入研究来取得成功。

即使是小孩也能通过这种方式学到许多知识。玩具火车是一个有趣的物品，它会按照特定规则在地面上行驶。小孩将它拆成一堆非常混乱的金属零件，虽然这堆零件无法再次行驶，但如果把它们塞进妈妈的鞋里，它们就会发出有趣的嘎吱声。这样，他们从更细致的层面研究了同一个东西，并发现了新规则。

事实证明，仔细地观察和关注细节是非常有用的。例如，我们因此认识到，生物由微小的细胞构成，细胞生物学由此诞生。只有通过研究细胞是由哪些分子组成的，我们才能解释细胞的某些特性，于是出现了分子生物学。我们还通过这种方式发展出了原子物理学。虽然原子的大小是我们的数十亿分之一，但我们可以用特定方式"把玩"它们。这听起来就像一颗行星可以对我们进行阑尾切除手术一样疯狂。

然而，我们没有止步于这个层面。原子是由带负电的电子和带正电的原子核组成的，原子核又由夸克组成。我们以为夸克就是基本粒子，认为它们不会由其他更小的粒子组成。我们自以为掌握了自然界底层的细节。

这意味着什么？如果我们借助细胞学解释生物，借助化学解释细胞，借助粒子物理学解释化学，那么粒子物理学不就可以解释所有的自然科学吗？如果我们发展出了有关宇宙最细节层面的完美理论，就算大功告成了吗？这是否可以看作我们人类战胜了自然，那么所有研究机构是不是全都可以关门大吉了？

一个可以解释世界最基本组成及其必须遵循的一切自然规律的"万物理论"，这实在有趣。它简直就是科学领域的圣杯。直到今天，万物理论仍未被找到，但仍然有许多聪明人在寻找它。

爱因斯坦便是其中之一。他颠覆物理学时，还非常年轻。他在25岁时发表了狭义相对论。研究复杂的广义相对论时，他才35岁。这显然不是沾沾自喜并骄傲地回顾自己一生的年纪，爱因斯坦也没有这样做。他开始追求一个更远大的新目标：发展出"统一场论"来解释整个物理学体系。他的计划是将引力和电磁学组成一个宏大的新理论。

他在这个目标上耗时近40年，但没有取得真正的成功。直到生命的尽头，他都坚信自己走在正确的道路上。连伟大的爱因斯坦也未能找到一个万物理论。1955年，爱因斯坦去世。凭借相对论，他至今仍享誉世界。但他或许并不因此感到开心。他可能会抱怨："为什么人们总是在谈论我的相对论？我还做了其他有用的事情，甚至也许做得更好。"

至少我们如今明白，为什么统一场论根本没有机会成为万物理论：爱因斯坦忽略了在原子核物理学中发挥核心作用的另外两种自然力，即弱相互作用和强相互作用。这两种自然力只能借助量子物理学来解释，但爱因斯坦无法接受量子理论以及与其相关的奇特概念。即便他因为对量子理论的贡献（不是相对论！）而获得了诺贝尔奖，他的态度也未曾改变。

真正的万物理论肯定要将广义相对论和量子理论相结合，这是如今已经很明确的条件。但直到今天，我们还是不能找到将两者结合起来的正确方式。有人付出巨大的努力并进行非常复杂的数学运算，其成果让爱因斯坦的方程看起来简直是"过家家"，比如弦理论。除此之外，我们根本不知道是否存在所谓"万物理论"。

但更重要的是，我们是否需要这样的理论。找到有关世界底层的理论会让我们取得什么成就呢？也许我们能掌握某个对整个自然科学体系来说牢不可破、万无一失的东西。就像数学定理一样，我们可以在其基础上拓展出更多的想法。

如果我们能够找到一个"万物理论"，那么整个自然科学是否可以像数学那样有序和合乎逻辑？我们也许能在"万物理论"的基础上逐步证明从物理学到化学再到生物学的所有自然科学理论？

我们不能，以上假设都是不可能的。因为数学和自然科学之间存在显著区别：只有数学能做到精确无误。在数学中，某个东西绝不会因为看似不重要而被直接忽略。然而，在所有自然科学中，简化和省略尤为重要。这是自然科学的规则之一。

当我们计算一颗行星的轨道时，我们肯定不在意原子核里的什么力量在起作用。为这个问题绞尽脑汁是一个科学错误。在计算行星轨道时，原子好像根本不存在。这就是一种简化，但这不会让我们的计算模型变糟，反而会优化它。找出近似解、估算值和简化方法正是形成好的自然科学的关键。这不是需要被剔除的缺陷，而是应该赞美的优点。

因此，我们不应该将自然科学研究看作对完美真理的追寻。自然科学不需要万物理论。要想将书架固定在墙上，我们不需要应用完美真理。自然科学的存在是为了给我们提供解决问题的工具。这些工具不必是完美的，也不应该是完美的，因为我们越追求完美，工作就会越辛苦。

奥卡姆剃刀和裤子妖精

科学中也存在简约法：在必要时变得复杂，但尽可能保持简单。如果我想知道我的猫最喜欢吃什么，那么我不会关注原子物理，即便我知道猫是由原子构成的。无论我们想解开什么谜题，我们都应该尝试让理论尽可能地保持简单。

　　这让人想到一条古老的原理——著名的"奥卡姆剃刀"。它以中世纪晚期的神学家兼哲学家威廉·冯·奥卡姆（Wilhelm von Ockham）的名字命名。如果某个事实存在多种可能的解释，我们应该选择最简单的那个。解释中所有不必要的补充假设、猜测和细节都应该用奥卡姆剃刀去掉。

　　假如我发现我的裤子不再合身，最简单的解释就是我长胖了。还有一种理论是，邪恶的裤子妖精会在夜间潜入我的公寓，无情地沿裤缝撕开裤子，然后把它缝得更紧。两者都可以用来解释相同的结果，即裤子紧绷在我身上。

我们可以用多种测量方式来对这件事刨根问底。例如，我可以站在体重秤上来确定我是否变重了，也可以用卷尺来测量我的腰围。如果我愿意，我还可以在半夜躲在角落，观察是否真的有裤子妖精。不过，我总是通过让理论变得复杂的方式来防止裤子妖精理论被推翻：我的体重没有变化，是裤子妖精操纵了体重秤，它们还操纵了卷尺；我之所以昨晚没有发现它们，这可能是因为它们每四晚来一次，或者只在月圆之夜来，或者只在质数之日的半夜来。

永远不会有人能够从科学层面推翻裤子妖精理论。自以为是的傻瓜想出无意义理论的速度比伟大的天才从科学层面反驳他们的速度快100倍。正因如此，简单的规则在科学中才显得尤为重要：奥卡姆剃刀让我们明白，引入补充观点、事物或规则的一方应该负责举证，而不是接受的一方。

无论是我认为真的有裤子妖精经常造访我家，还是我宣称发现了一种新的基本粒子，我都必须提供明确的证据。否则，每个人都有充分理由按照简单原则将我的理论扔在一旁。我们为什么要多此一举，给已经存在的事物增添一些虚妄的想象，从而让我们对世界的看法更复杂？美国作家克里斯托弗·希钦斯（Christopher Hitchens）也提出过一条类似的实用基本规则：缺乏证据的主张同样也会在缺乏证据的情况下被否定。

不过，如果我曾经和有经验的裤子妖精研究专家共同潜伏，并且真的观察、拍摄和记录到裤子妖精在夜晚的活动，情况就不一样了。裤子妖精理论突然成为对我们来说最简单的解释。毕竟，现在我掌握的许多数据材料都能用它来解释：不只是裤子问题，还有视频录像、目击者的证词和裤子妖精的活动痕迹。找其他理论来解释这一切会让事情更奇怪且更复杂。在这种情况下，我们会愿意接受裤子妖精论。奥卡姆肯定也会同意这一点。

奥卡姆剃刀是一条非常实用的简便法则，它可以让我们对真假理论的直觉更准确。如果我在露营帐篷里待了一晚之后头痛难忍，那么我更应该从痉挛的脖子上找原因，而非去寻找一种神秘的致命疾病；如果我听到外面响起嗒嗒的蹄声，我应该想到马，而不是温驯的南非山斑马；如果我的同事不太开心地跟我打招呼，她可能只是心情不好，我不应该猜测她参与了某个国际阴谋活动，残忍地想让我陷入一场灾难。

科学还没有发展到这种程度！

凭借奥卡姆剃刀，我们可以有力地抵御每天涌向我们的各种天花乱坠的话。占星师坚定地告诉我们，星座会影响我们的爱情生活。经验丰富的辐射感知者向我们保证，他们能用占卜杖探测到水脉、地球射线和其他奇观。精明的商人向我们兜售"能量水"，据说这种水具有神奇的功效。

当有人以这些理论没有丝毫科学依据为由表示反对时，这些人就会一遍遍重复同样的论调："科学还没有发展到这种程度！""我们利用的现象还无法用已知的科学来解释。总有一天有人会发展出可以解释其中原理的理论，到时候你肯定会相信它！"

"科学还没有发展到这种程度！"这种论调的背后是完全错误的科学形象：科学工作变成一场扩张战争，我们通过一次次战役将占领区拓展到未探索的领土。这是一个严重的错误。我们当然可以将科学应用到尚不了解的话题上，因为科学不是一个封闭的、装着完美真理的首饰盒，而是一种方法、一种解决问题的策略、一个多功能工具盒。

确实，没有人知道可以用来解释占星术、地球射线或能量水的符合逻辑的科学机制，但是我们可以从科学角度去研究它们。我们可以通过精心策划的实验，来测试星座与人生大事是否存在关联；我们可以把电线和水管埋在地下，看一看是否有人能够用占卜杖探测到它们的具体位置；我们可以科学地研究，用能量水浇灌的植物是否比用普通水浇灌的植物长得更好。我们甚至可以用客观、科学的方法记录我们的主观感受：通过盲饮实验，我们可以探究人们是否真的觉得能量水更好喝，还是只是在想象它的味道。

要想测试某个理论是否有用，我们无须知道它如何发挥作用。如果实验证明，所谓的效果并不存在，研究产生效果的原因就毫无意义。在这种情况下，"科学还没有发展到这种程度！"就是一个完全不适用的论点。只有证明该理论存在某种效果，你才会去思考如何解释它。

恩加德先生的奇迹

如果一位神秘主义者的直觉在某天被证明是正确的，那会发生什么呢？你可以尝试构思这样一个故事，并在脑海中推演它会怎么发展。

汉斯·恩加德（Hans Erngard）为自己的神奇能力感到自豪。他只要集中注意力，就能借助一种奇特的、闪闪发光的紫色水晶探测到金属——至少他是这么说的。恩加德曾是一名矿工，他总是能用这块水晶找到最好的矿藏。同事们一直把他当作怪人，但恩加德确信：这颗神奇的水晶能够将他引向正确的方向。

一家地方小报社注意到恩加德的能力，于是详细描述了他在家中展示其"绝技"的场景：桌上放着一个大的银质烛台。只要他靠近烛台，他手里的水晶就开始颤抖。此外，据说他可以找到藏在地毯下的硬币，甚至探测到墙壁中的电线，尤其在月圆之夜。

随后，报社收到了读者愤怒的来信。比如，当地中学的化学老师对这种荒唐事在未经过科学研究和测试的情况下被刊登在报纸上很是愤怒。随着事情一传十，十传百，最终一所科学实验室邀请恩加德接受能力测试。恩加德觉得有趣，于是和实验室负责人会面，共同商量实验如何进行。

实验人员将10个相同的塑料容器摆放在一起，然后随机从中选出一个，并放入一块金属，随后实验人员离开实验室，以免在无意识的情况下通过肢体语言给恩加德任何提示。接着，恩加德进入实验室，尝试用他的水晶找出藏着金属的容器。如果水晶的作用只是臆想出来的，那么恩加德有10%的概率通过猜测找到正确的容器，即在20次实验中，他可以猜中大约2次。实验人员认为，如果恩加德能找对7次以上，他的水晶理论就会被认为是正确的。如果他的方法不比随机猜测高明多少,那么他纯靠运气找对至少7次的概率应该低于0.3%。

令研究小组极为惊奇的是,恩加德有8次成功找到目标金属。虽然成功率不到50%,但这个结果仍令人讶异。持怀疑态度的研究小组有点儿不知所措,但还是公布了实验结果。

人们对实验结果的反应各不相同。坚定的神秘主义者大肆庆祝。对他们来说,恩加德是英雄,他终于向顽固的"科学粉丝"展示了神秘力量。这个实验一劳永逸地向世人证明,世界上存在人们无法依靠头脑来理解的超自然效应。理性的人思考可能的解释:这个把戏可以通过弄虚作假来完成,比如借助植入指尖的一块极小的磁铁。还有人猜测,恩加德是"瞎猫碰上死耗子"。虽然仅靠运气在20次实验中成功8次的可能性非常小,但不是完全不可能。

数月后,恩加德再次收到邀请。这次邀请不仅出于科学界的好奇心,还关乎金钱:一个国际怀疑者组织宣布,它们为能够在可控条件下证明超自然效应存在的人设立一份诱人的奖金。这次实验的规模比第一次大得多:组织方成立了一个评审团,以仔细观察恩加德。评审团包括一名魔术师,他熟知各种手法并且拆穿了多起招摇撞骗案例。组织方还用金属探测器来检查恩加德是否使用了电子设备,整个实验过程会被数台摄像机记录下来。

和第一次的实验一样,组织方准备了10个密封的不透明盒子,其中一个盒子被放入一块金属。恩加德深吸一口气,集中注意力并将水晶紧紧地握在手里,围着一个个盒子转圈,直到他感觉到水晶有了轻微的颤动。实验需要进行60次,恩加德至少要找对14次才能获奖。

实验持续了几个小时。直到深夜，数据才被拿来进行评估。实验室负责人将恩加德的结果与记录视频进行了一轮又一轮的比对，只有她才知道每一轮中金属块在哪个盒子里。评审团惊呆了：恩加德找对了21次，这是一场大胜利。假如他只是随机猜测，那么按照概率他只能猜中约6次，靠运气找对21次的可能性极低。感到疑惑的评审团表示要进一步调查此事，但即使是对此最坚定的怀疑论者也只能给恩加德颁奖。

第二次实验掀起了一场媒体风暴。几乎全球所有的报纸都对恩加德进行了报道。神秘主义者称，现代宇宙观已经崩塌，自然科学时代迎来终结。一些人发出嘲笑，并将恩加德称为愚弄科学的骗子。而恩加德自己则参加电视访谈节目并在脱口秀直播中展示他的能力。

不过，当一些人在继续争论时，另一些人尝试从这种奇怪的现象中学到一些东西。恩加德被多所大学邀请，参与进一步的科学研究。他们不再研究神秘力量是否存在，而是分析恩加德的能力具有哪些特征，以及人们可以如何利用它。

现在出现了无数个尚待解答的有趣问题：如果金属被其他材质的容器遮住，水晶还会起作用吗？恩加德的脑电波在实验中有什么不寻常之处吗？他使用的是哪种水晶？只有这种特殊的水晶才能起作用吗？所有的金属都能被感知到，还是只有某些金属才可以？金属的数量有影响吗？如果其他人使用恩加德的水晶，他们也能掌握这种能力吗？不同研究方向的小组都在系统性地看待此事。这一切对恩加德来说是新鲜的。一直以来，他都只是自豪地演示他的能力，从没有想过人们会如此细致地研究他的能力。

虽然人们仍然不知道如何解释这种奇特的作用，但逐渐清楚它会出现在哪里，以及不会出现在哪里。恩加德最初提出的一些主张被迅速推翻：他不能探测到墙壁里的电线，他的能力和满月没有关系。他的能力似乎只对大量的特定合金起作用。

不同的研究机构得出了类似的结论，有关恩加德的新研究每隔几周就会被公布。慢慢地，即使是最尖锐的批评声也消失了。随着时间的推移，其他具有类似能力的人出现了，并非所有人都有恩加德那么高的成功率，但很快有上百人都被视为具有统计显著性[1]的金属探测者。这让对这种现象的科学研究更容易。

不久，对这种现象的研究被统称为"恩加德学"，有关该主题的科学出版物激增。生物化学研究表明，"恩加德作用"与大脑中的特定神经传递素有关。物理实验表明，这种作用只能借助具有非常复杂的几何结果的水晶出现，这类水晶因此被称为"恩加德水晶"。很快，一家研究所用许多薄薄的水晶合成了恩加德水晶，它可以让人更强烈地感受到这种作用。探测金属的成功率陡然上升，几乎每个人都能使用这种惊人的能力。人造恩加德水晶成为畅销品。

这股恩加德狂潮席卷自然科学的许多领域。全球数十万年轻人都在撰写有关恩加德作用的博士论文并且希望投入整个科学生涯来研究恩加德学。每个人都知道，谁要是揭开这种作用的物理成因，谁就能成为科学界的超级明星。

1　表示与其他群体具有明显区别。——编者

大脑研究迅速发展，因为人们发现可以借助恩加德水晶更精准地测量脑电波。这项研究因此获得了诺贝尔医学奖。一个原本想研究恩加德水晶中电子行为的研究小组偶然揭开了高温超导之谜，并由此发现了一种新材料。它在室温条件下完全不存在电阻，这是几个世纪以来科学界梦寐以求的材料。三个诺贝尔物理学奖被先后颁发给直接与恩加德作用有关的研究，两个诺贝尔化学奖紧随其后。

恩加德本人非常高兴。虽然他没有获得诺贝尔奖，毕竟他只是作为实验对象而非科学家参与实验，但他作为科学界划时代改革引领者享誉世界，并因此赚得盆满钵满。不过，某天他将从怀疑者组织那里获得的奖金归还。因为他认为，不能继续将恩加德作用与超自然效应联系在一起了。如今，它是自然科学的重要组成部分，与超自然无关。

这个虚构的故事到这里就结束了。恩加德作用是否有一天会得到详细解释以及会被如何解释，实际上完全不重要。重要的是，如果存在一种不是基于想象或欺骗，而是真的可以被证明存在的效应，这种效应就会得到科学的研究。

正确的东西会成为科学

理性思考的广阔世界为我们准备了各种各样的工具，从物理学、化学，到生物学、心理学、社会科学。如果有人提出了一个无法进行科学研究的理论，要么是因为他害怕自己的理论被推翻，要么是因为他根本不明白科学是如何运作的。我们只要可以观察到某些事物，就可以对观察结果进行科学的分类和处理。如果我们什么也观察不到，就不存在讨论这种效应的价值。

许多伟大的科学发现都始于一个反常现象，它可能会被认作一个测量错误或一次学术造假。例如，夜空中某个亮点看起来和我们想象的有点儿不同。某个地方的天线正发出我们无法解读的信号。在某个地方，病人的平均康复速度比预期的更快。

当一种新效应诞生时，它通常非常弱小和无害。你要用很多爱和努力来培养它。也许你需要一个更好的望远镜，以便更精准地监测天空中的光点。也许你必须仔细地排除所有干扰，以便清晰地识别信号。也许你必须更仔细地研究病人的数据，才能发现这种现象的出现是因为特定的药物对特定的群体很有效。在研究的下一步，你将更仔细地观察这个群体。突然间，你面对的不再是一个小效应，而是一个没有人能否认的大效应。

在电还只是一种奇特的现象时，意大利研究员路易吉·伽伐尼（Luigi Galvani）用青蛙腿进行了实验。当他给青蛙腿通电时，青蛙腿会有趣地抽搐。当时的人们本可能会通过直觉将电简单定义为神秘主义的奇迹。这样，直至今天它还会属于神秘学的范畴。然而，他们认真、仔细地观察这种效应，排除所有不必要的东西，并用数学公式描述该效应背后最重要的规律。因此，今天的我们拥有电灯、电饭锅，能用电动牙刷刷牙。

从事科学工作的人都希望看到科学进步。他们致力于将今天有一点儿眉目的东西，变成明天显而易见、不可否认的事实。神秘主义者根本不会费心做这些工作，他们满足于依靠模糊的直觉去发现所谓"神秘的东西"。

科学不是一个封闭的系统，它生来就要持续扩张并吸收新知识。因此，科学与神秘主义每每交锋时，科学总能获胜：要么神秘主义观点被否定，科学理论受到普遍认可；要么神秘主义观点被证实，并成为科学真理。

科学是正确的。换句话说，正确的东西会成为科学。

第九章

如何用事实撒谎？

为什么巧克力不能瘦身？

为什么我们不应该相信祖母的秘制止咳茶？

为什么我们必须寻找逻辑关联？

我们看到的科学研究不一定是真的。

巧克力有助于减肥！这个理论曾轰动一时。这不是一家巧克力批发商的原创广告语，而是一项科学研究的结果。

有两组人参加了实验，他们在三周里只吃低碳食物。不过，其中一组每天还吃巧克力，另一组不吃。令人震惊的是，"吃巧克力组"比"没吃组"减掉了更多体重。

结果看起来清晰明了：巧克力是瘦身食物。相关新闻报道被发表，媒体反响热烈。从德国到印度，从美国到澳大利亚，2015年，关于巧克力神奇瘦身作用的报道铺天盖地。

统计学在一些科学领域是有用的，在另一些则不然。我们绝不将行星分入任意组别以研究引力的规律，然后用统计学方法评估质量与引力之间是否存在关联。物理学的目标是找到清楚的、明确的、符合逻辑的关联。但这在研究更复杂对象（比如吃巧克力的人）的科学领域，是非常困难的。在这些科学领域，统计学通常是有用的工具。

然而，我们必须保持谨慎，因为在研究中观察到的效应可能是偶然出现的。只将两组人进行比较，就会发现一些差异。如果我们让第一组戴绿帽子，让第二组戴红帽子，可能也会有一组比另一组瘦得更多。戴红帽子的这组瘦得更多的概率是50%，但这肯定不是戴红帽子有助于减肥的科学证明。

统计显著性：是不是巧合？

首先我们假设，不存在任何效应，这被称为"零假设"。在巧克力实验中，这意味着巧克力基本不会影响减肥，即我们预期两个小组最终的减肥效果是一样的。尽管如此，但我们还是有可能因为巧合而发现一组平均减掉的体重比另一组多。

关键问题是：因为巧合而出现的差异不大于实际观察到的差异的概率有多大？[1] 我们在宣布获得了不起的、重要的研究结果之前，一定要计算出这个概率。它通常被称为"P值"。

如果"吃巧克力组"比"不吃组"平均多减掉12毫克体重，这说

1　在零假设情况下，因为巧合而出现的差异存在一个临界值，当观察到的差异超过这个临界值时，零假设不成立。——编者

明不了什么。出现这么小的差异大概率是因为巧合。极小的差异对应极大的P值。观察到的差异越大，P值就越小。在这种情况下，我们似乎真的会发现一些有趣的事情。然后，我们就会抛弃零假设，宣布结果"具有统计显著性"。

但是，我们做出的许多猜测都绊倒在了统计显著性的门槛上。我们喝了祖母的秘制止咳茶，发现恢复健康的时间比平时早两天。连续两周，我们用矿泉水浇盆栽，觉得其中一些盆栽看起来更绿了。这些结果很有趣，但只能用巧合来解释。我们只要计算它们的P值，就可以确定：它们都不具有统计显著性。

研究者在巧克力实验中计算P值了吗？当然。正如所有人都应该做的那样，研究者计算了P值。计算表明，实验结果具有统计显著性——P值略低于5%！也就是说，如果假设巧克力对减肥没有影响（零假设为真），那么实际观察到的差异大于巧合形成的差异的概率约为95%（假设不成立）。这个结果具有足够的说服力：我们通常将5%作为P值的分界线，P值大于5%就会被称为结果具有统计显著性。

尽管如此，但巧克力研究没有任何意义，并且充满了刻意引导。由美国记者约翰·博安农（John Bohannon）带领的一个小组复刻了这个实验。其结果表明，研究者是多么容易在这样的研究中"作弊"，以及科学杂志是多么吹捧这些毫无意义的结果。

博安农没有捏造或修改数据。他只是玩了一个叫作"P值黑客"的把戏。他的想法非常简单：人们最初根本不确定要寻找什么，只是简单地搜集尽可能多的数据，以希望最终能够找到可以自豪展示出来的东西。这有点儿像一个寻宝者在挖掘花园，但他从没想过自己想要找到什么，只是非常肯定会找到某个东西：也许是生锈的螺丝，也许是稀有的蜗牛壳，也许是多年前被埋葬的海豚的骸骨。无论挖出什么，他都可以自豪地宣称自己是一名有天赋的海豚骸骨探测家。

博安农复刻的巧克力实验不仅给出了实验对象的减重数据，还给出了一系列其他参数：胆固醇水平变化、主观幸福感变化、血压变化、睡眠质量变化等。

实际上，一小块巧克力不会影响以上所有参数。因此，"吃巧克力组"的一些参数更好，"不吃组"的另一些参数更好。找到具有统计显著性差异的概率每次也只有5%。只要获得足够多的参数，迟早会找到合适的。不过这纯属巧合。

减重的差异要足够大才具有统计显著性。然后，新闻会报道此事，公众会直接忽略差异不那么惊人的其他参数。如果人们再进行一次同样的实验，会得出不同的结果。然后，新闻报道的标题不再是"巧克力有助于减肥"，而是"巧克力可以降低血压"或者"巧克力可以提高睡眠质量"。研究者总会发现点儿什么。

博安农详细描述了如何得出这些结果，以及研究者如何有意识地撒谎。真实情况在传开后，秘密不再是秘密。

这种把戏尤其有问题，因为不是所有的科学结果都会被发表，这被称为"发表偏差"。研究者可以在知名的专业杂志上发表一项结果具有统计显著性的研究。但是，如果一项研究没有得出具有统计显著性的结果，它就没有什么令人振奋的内容需要解释。通常，这些结果都直接消失在抽屉里，没有人会专门将这些结果仔细记录下来，并发给专业杂志。也许有人会这么做，但专业杂志通常对这类文章并不感兴趣。

比起没有找到具有统计显著性的真实研究，被操纵的研究（强行得出数据，让令人头痛的统计数据能够说明某个结果）也许更有可能被发表。这自然诱使研究者作假。只要他们稍稍改动研究问题，不具有统计显著性的结果也许就会变成P值低于5%的具有统计显著性的结果。也许可以找到一个理由，宣称一部分实验对象的数据无效？也许可以"弄丢"一部分问卷？

然而，即使作假行为不存在，发表偏差仍是问题。如果专业杂志只出版结果具有统计显著性的研究，科学研究就会呈现一派扭曲的景象。只是恰巧得出具有统计显著性结果的研究可以被发表出来，然后被转发、阅读和引用，而完全正确地展示每天一块巧克力不会对减肥产生明显影响的研究则永远得不到发表。

这可能会导致很大一部分被发表的研究是错误的。如果有上千个论点应该被检测，比如有上千种食物可能有助于减肥，假设其中100种食物真的有效，另外900种食物对减肥没有影响，但是出于巧合，研究者有时能在服用这些无效食物的实验对象数据中发现影响。

如果我们将所有P值低于5%的结果都称为"具有统计显著性"，那么在无效的900次研究中，有5%的研究，即45次研究中，会提供具有统计显著性的结果。此外，对真正有效食物的实验也可能出错。假设在这100种真正有效的食物中，有90种食物被研究者认定有效，10种食物被错误地认定无效。

最后就会出现以下结果：135种食物现在被认为有减肥效果，但其中只有90种食物真的有效。如果研究被发表，那么135次研究中的45次，也就是1/3的研究，都是错误的。

万物皆致命，万物皆治愈

巧克力实验表明，我们遇到了问题。并非所有看起来科学的东西都是严谨的。尤其在健康与营养学领域，许多研究的有趣之处都在于它们的娱乐价值。

每周我们都能听到一些劲爆的消息："葡萄酒可以延长寿命！""橄榄油可以让皮肤变光滑！""石榴能预防高血压！"涉及食物与癌症之间关联的研究看起来尤其受欢迎。生姜、姜黄或者葡萄酒可以预防癌症，远离香肠、爆米花和面粉……这些报道的科学说服力基本为零。

哈佛大学医学院的肿瘤学家乔纳森·D.舍恩菲尔德（Jonathan D. Schoenfeld）和斯坦福大学的健康科学家约翰·P.A.伊安尼蒂斯（John P. A. Ioannidis）进行了深入研究：他们随机选出多种食谱配料，从橄榄到牛肉，从糖到咖啡；然后进行关于这些食物与癌症之间关联的医学研究。吃橄榄是否会增加或降低癌症风险？吃许多柠檬的人比其他人更有可能患癌症？

令人惊奇的是，研究者们大多数情况下都能找到想要的东西：几乎每种流行的食物都在癌症研究中出现过。问题在于：既有证明一种食物会增加癌症风险的研究，也有证明它会降低癌症风险的研究。于是我们吃的所有食物都既能致癌，也能防癌。我们被拯救了！我们没有希望了！

其他研究领域也会遇到类似的问题。例如，研究者可以寻找基因与人类性格或行为方式之间的统计关联。有人找到了某种关联。然后，他将其撰写成论文，在科学杂志上发表。于是，街头小报激动地宣布发现了"杀人犯基因"或者类似的毫无意义的东西。

研究者可以分发心理调查问卷，寻找统计数据的关联。然后就有可能发现，电子游戏与暴力倾向增强、路怒症或者智力提高密切相关。他们还可以进行有关信仰与同理心的研究，然后宣称找到精神病患者与无神论者之间的相似之处。又有一份科学论文被发表！不过，它真的有意义吗？

葡萄酒救命，高个者杀人

一项研究的说服力非常弱。导致这类研究没有价值的原因有许多。也许它只是凑巧得出这个结果，其他同样主题的研究能得出不同的结果。也许研究者为了得到想要的结果使用了肮脏的手段。也许早就有实验得出相反结果,但这些结果由于发表偏差从未被发表。

然而,假设我们做了一切正确的事:结果真的有意义,不存在发表偏差,没有人弄虚作假,其他类似研究也证明了相同的效应。即便如此,这远远称不上发现了一个令人振奋的新效应。也许喝葡萄酒与寿命之间真的存在关联,但寿命真的由葡萄酒决定吗?难道不是因为喜欢喝葡萄酒的高收入人群通常享有更好的健康保障吗?住院的病人肯定不喝葡萄酒,但他们的寿命低于平均水平。出于统计原因让他们喝葡萄酒绝对不是好主意。

我们还可以研究身高与暴力犯罪之间的关联,然后得出结论:长得高的人很危险。我们应该自孩子出生起便给他们打抑制成长的激素,让他们永远不会高于1.5米。根据统计数据,暴力犯罪的数量可以因此减少到近乎0。

这里的错误一目了然：我们不能将关联性和因果关系混淆。女性通常比男性矮，而大多数暴力犯罪者是男性。个子更矮的孩子几乎不会出现在暴力统计数据中。身高与暴力紧密相关，但远远谈不上前者与后者有因果关系。

分辨这种错误看似简单，但它们经常出现，并且可能会导致危险的偏见乃至最恶劣的种族仇恨：根据肤色将人们分类，然后研究哪一类人的大学毕业率最高，以及哪一类人有可能进监狱。有心之人可能以此制造他用确切无疑的数学精准证明不同种族群体之间存在天生差异的假象。

这都是利用统计方法编造的精妙谎言。我们只是找到其中的关联，而非因果关系。肯定没人能清楚地解释，为什么肤色与智力或者暴力犯罪之间存在因果关系。相反，社会地位、父母和祖父母的收入以及社会歧视可能会对人获得成功的概率有深远影响的说法却不存在争议。其中确实存在因果关系，许多研究都可以从逻辑上清楚地证明这一点。

因此，科学不仅要找出关联，还要解释关联。我们必须寻找逻辑关系，绝不能只满足于观察，必须发展理论，将原因和影响紧密结合起来。做到这点在某些科学领域尤其困难。找到一个符合逻辑的原因，比如解释为什么一块被扔到空中的石头会呈抛物线运动落回到地上，很简单。将混乱的社会问题或政治问题按照一定的逻辑排列并且找到明确的因果关系却要困难得多。尽管如此，但研究者必须尝试这样做。因为所有科学领域都有同样的目标：基于可验证的观察，以合乎逻辑的方式将新想法嵌入已知事实的大网中。只有这样才能推动科学发展。

第十章

支撑我们的网

我们能够信任什么？

为什么会飞的独角兽不会住在我们浴室里？

为什么不同的研究领域必须合作？

只有当科学事实有逻辑地与其他事实联系在一起时，它们才是可信的。

实际上，太阳可能不发光。第一代开尔文勋爵，威廉·汤姆森（William Thomson）是他那个时代最著名的物理学家之一。他试图在19世纪确定地球与太阳的年龄：如果将太阳想象成一块持续发热的巨大煤块，据他计算，太阳的燃料会持续燃烧3000年后耗尽。这显然是错误的，因为我们人类观察太阳的时间远不止于此。

因此，开尔文勋爵又提出了另一个理论：他认为，太阳是在无数陨石的撞击之下形成的。直至今日，碰撞产生的能量仍带来巨大的热量，让太阳发光。如此一来，太阳还可以在2000万年里发光发热。

同一时期，另一名伟大的自然科学家提出了一个底层逻辑与汤姆森的计算相悖的理论——查尔斯·达尔文（Charles Darwin）发表了他的进化论。该理论认为，地球上的生命发展得非常缓慢，至少长达数百万年。汤姆森认为这非常荒谬：地球上生命的存活时间怎么可能比太阳发光的时间还久？

显然，关于太阳发光的理论尚未成熟。那时存在各种理论，但是这些理论成果不能拼成一幅和谐完整的图景。直到很久之后，即人们开始理解原子核物理的20世纪，情况才发生了变化。

如今我们非常清楚，日光并非来自煤块或小行星的连环碰撞，而是核聚变，这是达尔文和汤姆森及其同时代的人尚不认识的一种能量源。在遇到巨大的压力和极端的热量时，行星内部的原子核会相互融合。太阳内部的氢原子发生核聚变形成氦原子，同时释放大量能量。其中一部分能量以光的形式到达地球。

为什么这种观点汤姆森的计算更可靠？既然当时伟大的自然科学家都出错了，我们今天的核聚变理论就不会出错吗？如今，我们相信某些理论的真正原因是什么？

真正原因是：事实存在不止一个关键原因。

科学网：相互印证的事实

关于太阳发光的现代理论不是一种脱离我们的知识体系凭空想象出来的主张。它与我们从各个研究领域了解到的大量其他理论、观察和计算密切相关。

核物理学告诉我们原子核如何融合，著名的公式 $E=mc^2$ 告诉我们原子核融合过程中有多少能量会释放出来，天体物理学告诉我们这一切如何与行星的压力和温度关联。这些结果还可以与天文观察进行比较。

另外，我们还可以人为地引起核聚变。正是使太阳发光的这些反应让氢弹具有可怕的破坏力。在核反应堆中，核聚变还能够有针对性地得到控制。我们可以用完全不同的方式表明，氢原子的核聚变会产生夺目的光。所有这些结果都能神奇地相互呼应，不存在任何不可消除的矛盾。

这是科学可靠性的关键来源。首先，我们有一个理论将原因和影响以合乎逻辑的方式联系在一起。我们不仅能观察到行星与氢弹发出光和热，还可以解释为何如此。其次，这不仅是一条逻辑链，还是一个完整的逻辑网络。基于不同研究方法的不同论点相互支持，一切都与我们已知的宇宙知识完美地联系在一起。这些论点与我们已经相信的其他论点存在无数的联系。

这样的理论不是一种直觉，也不只是一个论点链，如果链条中的某个地方断裂，整个链条就会立即断裂。它也不像纸牌屋，如果抽走某张牌，整个屋子眨眼间就会倒塌。它是一张由数据、事实和观察组成的网，是构成科学大网的一部分。这正是我们可以信任的。如果某个地方打结或者某根线断掉，这张网依然坚固。我们可以放心地躺在这张网上。

　　每个伟大的科学理论都是如此。我们可以用许多案例来证明。以达尔文的进化论为例。生物会将各种特征遗传给后代。其中有些特征可以增加后代存活和增加的概率。于是，这些特征会在后代中越来越常见。这非常有逻辑地解释了为什么某个物种随着时间的变化会变成完全不同的物种。

　　进化论非常好地接入现有的科学网：化石是古生物学的研究范畴，它们可以通过物理学和地理学的方法确定其年代。因此，我们确定动物和植物一直在发生变化。这些结果与我们数千年来培养植物和动物时的观察相符。此外，我们可以在实验室里直观地观察进化过程，研究多代的细菌或者果蝇。分子遗传学告诉我们，这些现象与我们的DNA存在什么关联。

　　如果有人突然发现某个著名化石的年代被弄错了，会发生什么？如果某个基因技术实验的统计评估过程出现错误，会发生什么？如果有人发现博物馆里的一块南方古猿骨骼化石是假的，进化论又会发生什么？

什么都不会发生。进化论拥有太多的证明，即便其中的某个证明消失了也无伤大雅。当然，进化论的某些细节可能会被新发现改变，但进化论不会被彻底推翻。

大陆漂移说也是如此。非洲与南美洲的海岸线看起来非常相似，这在几个世纪来引起了许多人的注意。可能这两个大陆曾同属一块大陆，但后来两者分开并慢慢远离？这是一个有趣的想法，但有一个想法不是科学。事实上，这个想法在很长时间里并没有被太当回事。

直到20世纪初，德国自然科学家阿尔弗雷德·魏格纳（Alfred Wegener）成功地为这个大胆的想法编织出一张可信的论据网：不只是海岸线，非洲和南美洲的地质结构也明显互相吻合。人们在两个大陆发现同类植物和动物化石，这些植物和动物肯定在某个时候生活在同一个大陆上。人们还通过以前冰河时期的冰川痕迹看出，这两个大陆以前一定属于同一个大陆。

尽管有这些论据，魏格纳的理论在当时还是没能被大众接受。当他于1930年在格陵兰岛考察期间去世时，他的大陆漂移说还没有受到广泛认可。一个重要的原因是，魏格纳无法提供一个可以有逻辑地解释大陆运动的机制。

随着时间的推移，人们开始理解地球的内部发生了什么。地壳下炙热的液体并不是安安静静地等待冷却。地球的内部在运动，强大的对流发挥作用，不断牵引大陆板块。人们研究大西洋的海底并发现了大西洋中脊。这是一条活跃的火山带，由相对年轻的岩石组成。如果大陆分离，板块之间的某个地方最终肯定会形成新的地壳。于是在魏格纳去世几十年后，人们不再怀疑他的大陆漂移说。它能与地质学、古生物学和地理物理学等邻近科学理论完美保持统一。所以，继续否定魏格纳的学说是愚蠢的做法。

这同样适用于今天的全球变暖理论：地球的气温正在升高，因为我们向空气中大量排放二氧化碳等温室气体。我们可以有逻辑地解释气候变化的机制：虽然大部分太阳辐射可以穿过大气中的二氧化碳，但是地球释放的热辐射波长更长，并且会被二氧化碳吸收，从而无法被释放到太空中。

全球都在收集气温数据，气温上升早已是板上钉钉的事实。与此同时，冰川出现消退，两极的冰架正在融化。海平面正在上升，这不只是因为两极和冰川的融水，还因为常见的热膨胀效应：热水比冷水的体积更大。虽然这种影响是微小的，但是因为海洋很深，所以这种效应可以被清楚地测量到。

大气中二氧化碳的含量增加，其中一部分被海洋吸收并且形成我们能够测量的海洋酸化。这一切会扰乱生态系统——我们已经观察到大量动植物的生存因此受到威胁。

大量测量数据来自多个相互独立的科学领域，从海洋研究到大气物理学再到动物学。这些测量数据相互吻合，相互印证。因此，人类行为导致气候变化是一个拥有内在逻辑并且与其他科学领域紧密相连的理论。我们可以信任它。

绳结越多，支撑就越多

有些科学事实无法动摇，比如地球绕太阳运行，我们所有人都是由原子构成的，以及我们无法通过抚摸让金鱼起死回生。不过，当然不是所有的科学都这么可靠。从推测到无可争议的事实是一个持续的过程。有时，我们只是进行了一次特别的观察、听到了一个惊人的专家意见或者得到意料之外的测量结果。这些无疑是有趣的，但是它们的可靠性并没有那么高。

一个简单的方法可以增加我们对科学结果的信任——简单地重复。我们可以重做他人的实验并验证是否能得出同样的结果。这在某些研究领域更容易进行。今天在加拿大发生的化学反应应该与两年前在中国南部发生的化学反应相同。然而，要想在社会科学、心理学或医学领域完美复制一次他人的实验通常困难得多。在这些领域，实验结果会受到许多复杂因素的影响，我们几乎无法控制这些因素。

因此，复制以前的实验突然得出完全不同的结果，这种情况在这些研究领域尤其容易发生。这当然是一个问题，因为每个科学领域的研究结果应该都是可复制的。如果今天这个结果是对的，明天那个结果是对的，那么我们该相信哪个结果呢？

以前的结果无法在新研究中得到证实的事情经常发生，被称为"可重复性危机"。2015年，国际研究小组"开放科学合作"发表了一份引人注目的分析报告。他们重做了100项心理学研究，将新的研究结果与过去的研究数据进行比较。两者的一致性无法让人信任：研究者在之前实验中观察到的效应,只有一半可以在重复实验中观察到。许多实验中的效应都非常弱,以至于无法再被认为具有统计显著性:97%的原始实验都得出具有显著性的结果(P值低于5%),只有36%的复制实验得出具有统计显著性的结果。

如何防止这些问题?我们应该从一开始就对每个研究重复多次,并且要在所有研究结果达到基本一致后再发表它吗?这不是合理的解决方法。一旦研究的基本思想出现严重的思维逻辑错误,我们就会将它带进每一次的重复实验。

如果我们将科学想象成一张网,从网上的一个绳结到另一个绳结应该有许多条路。那么,一个完全不同的方法就出现了:我们是否可以试试利用其他的数据、测量方法和观点?还有可以引导我们到达同一个终点的其他路径吗?

20世纪30年代早期,一项著名研究表明社会科学领域如何做到这点。维也纳附近的马林塔尔工人住宅区一片萧条。一家大型纺织厂倒闭了,突然间马林塔尔的所有人几乎都失业了。社会心理学家玛丽·雅霍达(Marie Jahoda)、社会科学家保罗·拉扎斯菲尔德(Paul Lazarsfeld)等学者共同研究此事对民众的心理产生了哪些影响。

他们原本以为,失业的民众会产生进行社会革命的颠覆欲。然而,情况并非如此。占据主导地位的感觉是沮丧、绝望和冷漠。

雅霍达及其同事原本可以简单地分发心理调查问卷,但他们不满足于此。他们同时使用了多种方法:进行采访、分析报告、收集统计数据,甚至评估日记本和信件。这些方法没有提供矛盾的结果,而是共同为结果提供了说服力。正因如此，1933年发表的《马林塔尔的失业人群》（*Die Arbeitslosen von Marienthal*）研究至今仍然闻名遐迩，是社会科学经典文献之一。

人们将这种研究策略称为"三角测量"：不是简单地收集越来越多的相似数据，而是从各方面着手解决问题，最好使用不同的方法。

三角测量在其他研究领域也具有非凡意义：人们如何才能相信一种新药物真的有效？研究者可以进行统计，研究病程是否由于新药物而缩短。他们还可以在实验室进行实验，了解药物在分子生物层面发生的变化。后者是一种完全不同的方法，能够明显增加人们对结果的信任。

物理学的基础研究甚至也尝试使用这个策略。2012年，一种新的粒子被发现。结果被公布时，人们都兴奋不已。它看起来像是人们长时间以来一直寻找的希格斯玻色子。很快，欧洲核子研究中心几千米长的环形粒子加速器上建造了两个巨大的探测器：超导环场探测器和紧凑缪子线圈。两个探测器使用完全不同的技术，并且由不同的研究组研发，但两者得出了相同的结果。新的粒子被测量到了两次，因此这个惊人的结果被自信满满地公布了。

多重证明是件好事，但还不够。我们必须检验新观点是否与我们已接受为事实的已有知识相符。如果不符，我们就必须仔细研究是新观点还是旧知识存在问题。如果相符，我们就有充分的理由将新观点当作新的事实。如果这个观点的各个方面都与已知的事实存在合乎逻辑的联系，它应该就是正确的。

今天，自然科学的各个领域都紧密地相互交织。将所有的科学领域联系起来是非常正常的做法。科学没有分裂为多个具有独立逻辑的子领域。如果你相信物理，就不可能推翻化学；如果你推崇生物细胞学，就不可能否定神经学；如果你不相信地球物理学、热力学和力学，就不可能研究阿尔卑斯山的地质学。这并不意味着所有科学领域都是一样的，一个科学领域也不可能简化为另一个科学领域。没有一个科学领域能够独立发展，而不与任何其他领域相关联。

神秘主义则完全不同：它没有体系，没有相互联系的架构，只有单独的主张。有的人学习如何敲萨满鼓，有的人点燃线香与亡者建立联系，还有的人按照凯尔特农历确定自己应该在什么时候剪指甲。

这些想法不仅与我们的自然科学知识相矛盾，甚至还不能在逻辑上互相吻合。占星术与外星不明飞行物之间没有确凿的联系。占卜杖无法帮我们找到心灵感应的可信解释。我们也无法用治疗水晶找到任何独角兽、天使或其他神奇生物发出的五维振动频率信息。

科学研究者尝试在由得到充分证明的事实组成的网上打新的绳结，而每个神秘主义者都在编织自己的网，他们的网不必固定在某处，也不必与其他人的观点相符，每条线都单独挂在空中。因此，神秘主义的可信度完全比不上科学。

卡尔·萨根和浴室里的独角兽

原则上，新发现必须融入现有的科学网。生物学家、作家克里斯蒂安·韦迈尔（Christian Weymayr）将这个必要特征称为"可科学性"。如果一个新想法要被认真对待，其理论至少要与我们已知的事实相符。

如果有人激动地告诉我他收养了一只小猫，我很容易就会相信他。毕竟这符合我了解的关于这个世界的事实：人们会收养小猫。而且根据我的个人经历，收养人对收养小猫感到兴奋是符合逻辑的。如果他还向我展示了小猫的照片，那么我绝对不会生出一丝怀疑。

如果有人跟我说有一只会飞的独角兽住在他的浴室里并以洗发露为食，情况就完全不同了。这与我脑中所有的已知事实都不相符。即便他向我展示了他与一只可爱的独角兽拥抱的照片，我也会认为照片是伪造的。独角兽来自哪里？为什么这种动物这么久都没有被发现？这是一次基因技术实验吗？这只动物为什么能吃洗发露？它为什么能飞？为什么会有人把它养在浴室里？

显然，我们不总是对证据的质量提出相同的要求。这与偏见无关，也并非不公平，这是绝对富有意义的。天文学家兼科普作家卡尔·萨根（Carl Sagan）在一条重要的规则中总结道："不同寻常的主张要求不同寻常的证据。"

一个论点永远不会独立地接受检验，而总是与其他存在逻辑关联的论点一起接受检验。如果我研究一个生产能源的器具，那么这不仅涉及这个器具，还涉及能量守恒定律，该定律深藏于自然规律的数学运算之中，并且无数次被实验证明。因此，我的研究并非从零开始，而是基于几个世纪以来积累的丰富经验。如果有人想说服我怀疑这些丰富经验，他就必须提出非常有说服力的论据。

浴室里会飞的独角兽就是这种情况。我们知道，在全球的动物学研究中还没有一只独角兽被发现。我们也知道，基于一些物理原因，与马身体结构相似的动物不能飞。我们还知道，洗发露不适合作为食物。如果有人想要说服我们，他就必须用更有力的对立论据来驳倒现有的论据。

"怎么都行"的研究行不行？

我们通过这种方式得出了一个关于科学的非常有用的定义：科学工作意味着将新线索添加到庞大的、可持续存在的网络中，从而让该网络更庞大且更可持续。

我们通常看到的是，科学的另一个完全不同的定义，从科学必须遵循的方法的角度解释：科学工作意味着表达论点，这样我们才能通过观察来检验论点，并且原则上论点有可能被证明是错误的。这是波普尔的批判理性主义中一个重要的基本思想。我们应该从各种论点中选择与观察结果更相符的论点，几百年来这点已经得到证明。如果观察结果可以用多种理论来解释，那么使用更简单的理论是有意义的，这点我们已经通过"奥卡姆剃刀"有所认知。这些都是非常聪明的规则，但没有一个规则适用于所有情况。

这也是1924年出生于维也纳的科学哲学家保罗·费耶阿本德（Paul Feyerabend）的重要批判论点：在科学史上，每个规则都会在某个时候被那些推动科学前进的人打破。没有一种科学方法、行为准则、基本规则在任何时候、任何科学学科中都有意义。

费耶阿本德由此得出：规定方法的每一次尝试都是无意义且不可能的。因此，人们应该直接以完全无规则和无政府主义的形式研究科学，不受任何方法的限制。对费耶阿本德而言，祈雨舞与气象学同样优秀，选举预测和占星术同样可靠。他在20世纪70年代凭借论点"怎么都行"成名。

费耶阿本德观察到没有一种方法可以用来解决所有问题。他是正确的。但这不是特别令人吃惊的发现。没有一种餐具可以在任何时候适用于所有饮食。尽管如此，但提倡让厨房保持完全无序的状态、用咖啡过滤机榨取柠檬汁，以及用搅拌机剥鸡蛋壳并不是特别聪明的做法。

没有一种方法适用于所有情况，这并不意味着遵循某个规则是无意义的，或者使用哪种方法是完全无所谓的。准确定义"方法正确的科学"是困难的事情，但是这并不代表，我们不能区分科学工作和作为伪科学的直觉。

　　也许根本不可能用一句话来解释什么是科学的普遍适用。也许我们只能在许多小环节里慢慢解决这个问题。但这不会干扰我们，因为很多其他的事物也难以定义。例如，对"动物友好行为"也不存在简单的规则，但我们可以比较可靠地评估某人是否对动物友好。我们通常不会把用刀剖开狗的肚子归为动物友好行为。然而，如果这是一场救命的手术，这就是另外一回事了。有时在特殊情况下，规则必须被打破，但是这个规则不会因此失去意义。

一概而论和区别对待的辩证法

　　一些非常简单的基本规则总是有意义的，所有科学领域的研究者都应该牢记它们。例如，我们必须尽可能有逻辑地、浅显易懂地进行论证。又如，原子物理学中的计算错误与评估心理调查问卷过程中的计算错误都是不应该出现的。我们不能将错误的结果当作创造性横向思维成果而放任不管。我们必须在所有研究领域证明是如何得出该主张的。"这是我在梦中得到的启示"是远远不够的。"我是对的。迄今为止所有对该主题发表过意见的人都是蠢蛋。"这种说法不会被接受，除非有充分的证明。

　　不过，有些规则在不同的科学学科里会有不同的解释。基本粒子物理学的研究完全不同于生物学，社会研究使用的方法也完全不同于化学实验室里使用的方法。预测必须达到多高的准确性和可靠度才能被发表？解释模型要多复杂才足够？我们应该有意识地使用多少数学？对这些问题，物理学与社会科学的答案完全不同。这是因为某些科学学科专注于简单的东西，而某些学科则聚焦于复杂的东西。

物理学算是一门复杂的科学学科，有复杂的公式和令人困惑的规律，但是它研究的是比较简单的东西。要想计算原子核相撞或者绕恒星运行的行星轨道，少量数字就足以非常准确地描述情况。我们在研究时可以忽略宇宙中大多数的其他物质，也无须关注这颗行星的心情，也不必理解原子核的文化意义。

化学与物理学类似，生物学明显更复杂。生物学中有专注于繁殖或者吞噬作用的研究项目。这类项目的出错概率可能远大于其他。一些生物发展出能产生奇怪想法的、具有复杂结构的神经系统。神经系统产生的想法可能会被心理学研究。当许多有着奇怪心理的人共同生活在一个复杂的社会时，奇怪的事情就会发生，这些事情只能用社会学来解释。显然，为此我们需要完全不同于自然科学研究使用的规则、方法和策略。如果我们想要对10万个电子进行物理实验，但结果不够好，就可以用100万个电子再次尝试。如果我们想要研究一种罕见疾病，就必须招募几十名研究对象。一名东非女性人类学家只是发现了一块埋藏了数百万年的大腿骨，但她必须从这根腿骨中获得尽可能多的信息。因此她得出的结果就不那么可靠。这既不是贬低她的个人成就，也不是消解考古学的严肃性。只是因为她必须面对其他学科研究者没有遇到的问题。如果我们想试验一种新药，就会进行双盲研究。一些研究对象获得真正有效的药物，另一些研究对象得到无实际效果的安慰剂。研究对象和研究者都不知道实验组和对照组的人员情况。在医学中，这是一种非常常见、得到普遍认可的方法。然而，如果你想要研究极权主义在社会传播的方式，绝对不会通过在经过统计筛选的国家里设置伪独裁者来进行研究。

使用某一门学科的常用方法去研究与该学科相去甚远的学科毫无意义。让邻近学科相联系是有价值的，但是不同的问题通常需要不同的解决方法。遗憾的是，各门科学学科的内部形成了完全不同的传统和文化，基本不能相互理解。接受某一门专业学科教育的人会视该学科的规则为金科玉律。如果他发现其他专业科学的研究者使用完全不同的规则，就会轻蔑地摇头。

自然科学家们如果因为心理学家或社会学家无法计算出精确到小数点后第五位的数值而嘲笑他们，就大错特错了。心理学之所以没有物理学准确，不是因为心理学家更笨或者他们没有好好上数学课，而是因为心理学研究的事物比物理学的研究对象复杂得多。研究这两门学科的人不像研究原子、行星或齿轮的人那么精通数学，这没什么值得惊讶的。

反过来，社会科学家和人文科学家如果因为自然科学家直接给出孤零零的数据而不将其融入社会、历史和文化之中而嘲笑他们，同样也是错误的。自然科学之所以比社会科学更客观，并不是因为自然科学家缺乏社会责任感而不去研究社会问题，而是因为自然科学需要精准、正确且可靠的表述，与何人何时在何种情况下做出了表述无关。无论人们对核武器持何种立场，核物理公式都是正确的。对此我们也不应该感到惊讶。

自然科学家必须了解，某些主题只能在特定的文化、历史或政治背景下进行讨论。有些科学问题找不到精准的答案。尽管如此，但这些科学研究仍然是有价值的，并且有助于知识的传播。

社会科学家和人文科学家也必须知道，自然科学具有高度的精准性和可靠性。有些科学问题的答案是永远值得相信的。不同的人倾向于使用不同的方法，但我们仍然可以将科学的所有内容连接成网。物理学与社会科学之间、化学与心理学之间都不存在竞争关系。没有人可以贬低其他人及其使用的方法并从中获益。实际上，我们所有人都有共同的目标：更好地理解宇宙。我们想知道，太阳为什么会发光？大陆为什么会移动？哺乳动物是怎样产生的？为什么人类是一个如此复杂的物种？如果我们知道这一切是怎么相互联系的，就再好不过了。

第十一章

站在巨人的肩膀上

为什么研究作假是愚蠢的行为？

为什么尽管如此，但仍然有人作假？

合作为什么比独自行动更好？

科学研究始终是合作项目。

一些人在独自乘坐电梯时会唱歌，另一些人会挖鼻孔。然而，威廉·萨默林（William Summerlin）在独自乘坐电梯时用一支黑色的马克笔毁掉了自己的科研事业。

萨默林在纽约"纪念斯隆–凯特林癌症中心"从事研究工作，他的老板是世界著名免疫学家罗伯特·古德（Robert Good）。萨默林原本希望发起一场移植医学革命。当时，人们接受器官移植后，移植的器官通常很快会发生免疫排斥。然而，萨默林和古德认为，如果人们在移植器官前正确地用营养液培养组织细胞，这种反应就可以被避免。

这可以在动物实验中得到检验：从小黑鼠身上取下一小块皮肤，

进行特殊处理后将其移植到小白鼠身上。如果一切顺利，移植的皮肤没有发生免疫排斥，一只身上长着一块黑皮肤的小白鼠就会出现。

一开始，结果似乎还不错，萨默林的研究在小范围里引起了轰动。其他人尝试复刻这个实验，但是失败了。之后，萨默林也无法再得出满意的结果。显然，要想培育出长着令人信服的黑色移植皮肤的小白鼠并不容易。

于是有一天，萨默林被古德叫到办公室讨论他的研究困境。萨默林带着小白鼠乘坐电梯时，突然灵光一现。他从包里拿出一支黑色的马克笔做了一些补救措施。当他到达古德办公室所在的楼层时，小白鼠的身上突然出现了特别漂亮的黑斑。于是，研究结果立即看起来好得多了。

讨论结束，萨默林带着老鼠回到自己的办公室后，事情暴露了：小白鼠身上的黑斑可以用酒精洗掉。有人清楚地看到了这件事并将其告知古德。不久，萨默林的其他令人窒息的作假也被揭露。他宣称自己已将人的眼角膜移植到兔子的眼睛上，没有发生免疫排斥。然而，这个结果太过美好，以至于显得不真实——实际上，兔子从来没有接受角膜移植手术。这起丑闻被曝光，萨默林被勒令停止一切科研工作并离开该研究机构。

自欺与欺人之间

科学的伟大之处在于它是由人创造的，而人是伟大的。科学的可怕之处在于它是由人创造的，而人是可怕的。

科学是人类共同编织的真理之网，是美好的、崇高的和永远正确的。而科研机构则完全不同。那里存在个别虚荣的科学家，他们会用谎言来获得地位和权力。

一个著名案例是"皮尔当人"。这是一个在1912年出现在公众视野内并引起轰动的发现。考古学家查尔斯·道森（Charles Dawson）在英格兰苏塞克斯郡东部的皮尔当村附近发现了前所未见的头骨：它看起来就像现代人的头骨，且脑容量非常接近现代人；下颌骨十分容易让人想到类人猿。这个发现令所有人大吃一惊。人们长久以来寻找的从猿到人之间"缺少的一环"终于在英国被发现。第一个人类是英国人！

然而，随着时间的推移，质疑的声音出现了：皮尔当人与其他考古发现不太相符。经过更细致的研究，人们最终发现：这是一个人类的颅骨和一只猩猩的下颌骨。下颌骨的牙齿被磨掉了。此外，为了让其看起来更有年代感，骨头也被染色了。直到今天，我们也不知道，是道尔森作假，还是他也被骗了，也许这只是一个发展不受控制的愚蠢玩笑。

此外，还有物理学家扬·亨德里克·舍恩（Jan Hendrik Schön）。他的研究结果是他的希望，而非现实。1997年舍恩在贝尔实验室开始研究工作时，只有27岁。在那里，他专注于超导体研究。这是一类能够以零电阻导电的材料，但通常只在极低的温度下呈现零电阻状态。舍恩宣称发现了能在非常高的温度下呈现零电阻状态的超导体，在整个科学界引起轰动。舍恩的其他激动人心的成果也随之被报道。不久，他就成为一颗冉冉升起的科学超级明星和热门诺贝尔奖候选人。

舍恩的科学产出率超出了正常范围。其他研究者完成一篇专业科学论文通常需要数月乃至数年的时间。舍恩凭借其连续的科学产出震惊了科学界：他每隔数天或数周就会发表一篇新论文。即使其他研究组也非常努力，但没有人能赶上他惊人的成果产出量。

学术界开始出现一些质疑声。不久，人们就发现了可疑之处：如果仔细研究舍恩不同出版物中的数据，就会发现一些不同实验的数据是一样的。很快，调查委员会介入，一系列作假被揭露——数据是被人为操纵或被随意编造的。舍恩失去了他的研究岗位，后来他的博士学位也被撤销了。

幸运的是，这样的蓄意欺骗行为不常见。科学的错误通常并非研究者有意为之，而是产生于自我欺骗、马虎大意或急于求成。研究者坚信自己清楚地知道结果，只是这些愚蠢的实验根本没有呈现出正确的结果。可能只是仪器设置出了一点儿问题，下周肯定就能得到正确的数据。但是老板明天就要看数据，或者赞助金申请的提交日期这周就截止。"如果今天稍微修改一下结果，让它们看起来就像下周会得出的正确结果，肯定不会让人怀疑！"

萨默林和他那用马克笔画了黑斑的小白鼠应该属于类似的情况。他肯定不是靠在椅背上、双手抱臂，然后懒散地思考着如何才能完美地伪造结果。萨默林无疑努力工作了。他真的把小黑鼠的皮肤移植到了小白鼠身上，并且坚信自己的方法是有效的。

然而，萨默林必须完成的工作量是巨大的，他的压力同样也是巨大的。他已经向科学记者介绍了新方法的伟大之处，还申请了一大笔赞助金——他必须取得引起轰动的结果！

虽然做了各种努力，但结果并不理想。小白鼠的身上只有表示发生免疫排斥的讨厌的灰斑，而非完美的黑斑。这是否代表研究失败？或者这很正常？谁会想在这么重要的节点和老板讨论这个恼人的问题？用马克笔做点儿补救以便掩盖真相不是简单得多吗？

这样的行为当然是不能被接受的。作假者当然必须得到惩罚。尽管如此，但这种行为在情理上是可以理解的。现在，年轻的研究者并不容易：许多人都只得到一个有固定期限的岗位，他们必须竭尽全力保住他们的事业。一旦今年年底交不出惊人的成果，也许就必须在下一年和科研生涯告别。

发表了许多科学论文的人被视为成功者。文章里藏着的马虎之处大都不甚明显。愿意额外花几个月的时间来对结果进行双重甚至三重验证的人最后可能只交出较少的科学出版物，从而在竞争激烈的科学劳动市场中获得更少的机会。

轻视科学规则的科学家的思维与神秘主义者或伪科学家的思维相似。大多数时候，占星师、奇迹疗愈师或神秘主义者都不是恶劣的作假者，他们不会笑嘻嘻地搓着手，蓄意欺骗全世界。他们也许意识到自己歪曲了某些事实，但仍然会告诉自己，自己说的都是事实。

病人接受按手礼[1]后会恢复健康，这简直就是奇迹！然而，病人在接受按手礼之外还会获得抗生素。这才是他们痊愈的更好解释，他们

1　一种基督教仪式，主教或神父等将手放于受礼者头上，念诵文句赐福权柄。——编者

对此却绝口不提。没关系，抗生素只是一个不值一提的细节，在没有抗生素的情况下，按手礼也有可能生效。

如果我们建造了一台永动机，但它出于某种原因无法运行，我们会做什么呢？肯定只是出现了一个技术细节问题，毕竟这台机器还没有被完全开发。但我们现在要制作一条漂亮的宣传视频。可以使用一台小电动机先让它动起来，只要在拍摄视频时完全隐藏起电线即可。下周我们肯定会解决问题，让永动机运转起来。视频里的电线完全不会露出来。我们保证！

合作让我们免于干蠢事

我们总是会欺骗自己，我们永远无法阻止这个行为。不管我们怎样让自己的头脑保持清醒，直觉有时还是会捉弄我们。已经有足够多的证明了：从布朗德洛特的根本不存在的神秘 N 射线，到萨默林画了黑斑的小白鼠。科学史向我们表明，科学不会因为谎言而止步不前。骗局会被揭穿，错误会被纠正，误解会被澄清。科研机构内部的监督机制运转得非常好。

成功的秘诀非常简单：合作。当研究者们集思广益、多方比较并相互纠正，科学就能很好地运转。这正是几个世纪以来许多科研机构习以为常的行为准则和目的。

我们如今提倡的"良好的科学实践"，无非是有助于加强研究者们在复杂课题上合作的一套规定罢了：在科学研究中，我们不应该保密，而应该开诚布公地说明我们的实验过程；我们如果采纳了别人的想法，就应该清楚地说明这些想法来自何人；我们写下自己的想法时，应该尽可能地让它浅显易懂。例如，如果我说氯化铜燃烧时会发出美丽的光，这就不是有助于其他人理解我的观察结果的描述。如果我说氯化铜燃烧时发出火焰蓝绿色的，其他人就可以更好地理解这个观察结果。如果我进一步将观察结果以数字的形式记录下来，那就再好不过了。毕竟数字对所有人来说都是一样的。

所有科研机构都有监督机制，我们可以利用这些机制找出研究的错误。以"同行评审"原则为例。研究者们通常会将成果发布在公认有专业性的科学期刊上。科学期刊的编辑会首先将投稿发给研究类似课题的专家们。如果专家们发现错误，稿件就会被要求修改，甚至被拒绝。

这个机制并不完美——与人有关的事情肯定不会完美。如果某篇投稿经同行评审后被发表在期刊上，那么它远远谈不上没问题。错误有时会被忽略，天才般的想法有时会被视为一文不值，友谊、竞争关系或者奇怪的潮流趋势有时会起更重要的作用。

然而，科研机构不必完美地运作。只要我们能让优秀的想法比糟糕的想法更好地得到传播，就足以推动科学进步。

一个细胞无法思考，一个人无法生产科学

然而，我们发展科学的精妙之处不在于我们可以相互指出错误，

而在于我们在科学工作中的合作可以起到"1+1 ＞ 2"的效果。

科学工作与其他动物的群体智慧类似。如果鸟成群地从一棵树的上方掠过，那么它们可能正在一起躲避危险或一起寻找食物。它们的行动看起来流畅且优雅，没有一只鸟会因为改变方向而与其他鸟相撞。有人可能认为，肯定有一只鸟提前确定好飞行计划。然而情况并非如此，没有指挥其他鸟的鸟王，它们只是不断地交换信号，从而形成一个整体，其行为与一只鸟的行为完全不同。

类似地，科学工作是一个"群体游戏"，而且是一个特别困难的"群体游戏"。议会要就一项法案进行投票，这是一件非常简单的事：一些人赞成，另一些人反对，两派之中总有一派占据多数——少数服从多数。科学工作的运作方式不同：我们不能就科学真理进行投票，哪怕是最了解科学真理的一群人进行投票也不行。真理是自己"成长"起来的，它们来自许多的"信号"，这些"信号"在人与人之间不断交换，从而形成一个整体。这样形成的真理一定比一个人想出的观点更聪明。

科学不只在纸上以论文的形式产生，它还产生于人们喝咖啡时讨论产生的模糊想法。当一名教授在回家路上再次思考学生提出的问题时，她发现这个问题实际上没有最初提起来的那样疯狂。于是，科学产生了。一名研究者出席国际会议，与来自世界各地的同事们共进晚餐、交流新想法和无聊的笑话，他们将公式潦草地写在纸巾上。在夜深人静时他终于明白错误出在哪里。于是，科学产生了。科学工作就是不得不与其他人交流想法。

一个细胞无法思考。只有当许多细胞组成大脑时，它们才能产生想法。同样，一个人无法生产科学。只有当许多人合作时，科学才能产生。

一个脑袋装不下所有想法

智力是我们在脑海中建立一个世界模型，并理解这个模型与现实之间存在怎样关联的能力。所有的动物都能这样做：猫也会在脑海里建立一个世界模型。这个模型里有邻居家的狗、盆栽的气味和罐头的样子。原子核、染色体或星系不在它们的模型中。

我们拥有更强大的大脑，因此能够构建更复杂、更多面、更准确的世界模型。然而，即便是最聪明的人也有局限性。我们的记忆力还不够好，无法记住一切；我们的寿命还不够长，无法经历一切；我们还不够聪明，无法理解复杂理论的所有细节。

科学允许我们跳出这些局限。我们共同发展出了一些想法，它们太多了，根本无法装进一个人的脑袋。突然，我们天生有限的思维能力不再有不可逾越的上限，这使我们不再满足于构建简单的世界模型。现代科学是一个全面、多面且极其复杂的现实模型。每个人只能理解其中的一部分，但是所有人联合起来（作为人类的整体），就可以理解所有内容。

在这方面，我们取得了令人瞩目的成就：有人在20世纪花了半辈子时间思考一个难题并将他的想法认真地写了下来。我们今天还能在书里面找到他当时得出的数学公式并继续使用。我们不必再重复他得出公式的数十年思考过程，而可以直接从前人的止步之处开始。前人的成就对我们来说就是奢侈品。

你可能会觉得，学习教科书里的内容已经很费劲了。但是相较于自己得出书中的内容，学习要简单得多。我们无须陷入顽固的误解中，无须纠正恼人的测量错误，避免走耗时的弯路。就像在茂密的丛林中探险：如果有人提前开辟出了一条路，我们的探险就容易得多。

我们应该这样定义科学：科学是可共享、可传承的真理，是我们创造出的其他人可以相信的知识。我们开展科学工作时，不仅要用自己的眼睛去看，还可以借助其他研究同样问题的人的眼睛去看。

如果牛顿、达尔文或爱因斯坦知道如今写进教科书中的内容，他们一定会用一切来交换这些知识！我们虽然没有他们聪明，但接受了比他们全面得多的教育。

我们站在巨人的肩膀上，因此比他们看得更远。这绝非现代才出现的科学进步场景，它在科学史中由来已久，经常出现。我们脚下的巨人也是因为站在了其他人的肩膀上。也许根本没有巨人，只有由许多小矮人组成的科学金字塔。

第十二章

聪明人也会胡说

为什么我们不应该总是妥协?

为什么天才也不可能是独行侠?

诺贝尔奖病会导致什么后果?

我们应该重视专家意见,但它们不一定是绝对真理。

夜晚的空气中有一点儿春天的气味,还有一点儿啤酒和汽油的气味。天色已晚,地铁早已停运,我是准备回家的年轻大学生,正在维也纳的瑞典广场等待29路夜班公交车。

不一会儿,公交车缓缓在街角出现,疲惫的人们脚步沉重地走上车。突然,从广场的对面传来急促的脚步声:两个年轻人搀扶着一位老人,半推半拉地把他带向公交车。三人正好赶在公交车发车前上了车,然后在我旁边坐了下来。

老人感叹:"多好的年轻人啊!他们热心地带我上车!"两个年轻人笑了。他们说,自己很乐意这么做。他们非常了解维也纳的夜班公交，帮助其他人是理所应当的。

老人回答："不，这在今天不是理所应当！"他继续大声地、长篇大论地称赞这种高尚的行为，即使两位"夜班公交专家"已经对此感到尴尬，他也没有停下来。过了一阵，两个年轻人礼貌地道别，下了车。

老人微笑地看着我并对我说："这根本不是我要坐的公交车。我原本要去另一个地方，这两个人太热心了，我根本没办法说'不'。所以我现在要坐车去弗洛里茨多夫，在那里喝点儿东西待15分钟，然后再坐车回家。"

相对的专家

许多人认为自己是专家，尽管他们愿意听取他人的意见。前面提到的两个年轻人坚信，他们知道这位年长者回家的最佳路线，但他们这次因为自己的"专业性"出错了。

这也许是我们在这个时代需要的最重要的能力：要正确评估能力，无论是他人的能力还是自己的能力。我们必须知道在哪些问题上可以相信自己，以及如果自己的知识储备不足，应该听取谁的意见。

有时会出现令我们非常困惑的情况：一场流行病暴发，突然许多人都认为自己是病毒学专家。一个专家组建议政府对这场流行病保持高度谨慎。我的阿姨认识一名家庭医生，他认为这场流行病是无害的。他不也是专家吗？当截然不同的意见被自信满满地提出时，我们应该如何对待它们呢?

　　我们必须认识到,专业有不同的层次。如果我们对某个课题基本不了解,那么某个阅读过3篇有关该课题的报刊文章的人可能对我们来说就是专家。进行了多年专业学习的人对只阅读过3篇报刊文章的人来说也许是专家。多年来一直在研究这个问题的国际知名学者是更高层次的专家,我们从他们那里得到的信息要可靠得多。

　　不可否认,有的人就是比其他人知道得多,但相较于真正的专家,他们仍然算是无知的。要怀着一定的批判和怀疑态度看待我们自己的观点,这并不丢人。

　　但许多人难以做到这点。他们花了23分钟研究自己的症状,然后就认为可以否定医生的判断。他们在花园培育出了西红柿,然后便对现代农业应该如何运作有了特别的看法。他们想起了自己童年时美丽、炎热的夏季,然后就告诉专家气候变化不会有那么糟糕的影响。

　　这与缺少教育无关。恰恰相反,越是在某个领域成为真正专家的聪明人,就越容易忽略自身专业的局限性。有些物理学家认为自己是整个大自然的专家,因为一切都是按照物理规律运作的;有些数学家认为自己是整个科学的专家,因为所有科学学科都与数学有关;有些哲学家认为自己是万物的专家,因为正是哲学对事物具有足够广泛的认识,才能让我们分辨哪些观点有思考的价值。

　　即使是绝顶聪明的人,也在几乎所有话题上都是门外汉。我们作为门外汉公开表达自己的看法,这完全没问题。门外汉的看法也可以是有趣和有价值的。然而,我们如果作为门外汉却相信自己可以反驳真正的专家，就要三思而后行了。只有确信掌握特别好的论据，才可以尝试反驳专家。但是，怀疑专家意见的人，必须先怀疑自己的看法。

事实与胡说不能相互妥协

我们要区分专业和盲目自信，最难的是要区分媒体上的这类内容。媒体通常会发表对立双方的言论。如果执政党能发表自己的言论，那么反对党也能发表自己版本的事实，这是有意义的。但是，如果科学事实与匆忙产生的直觉之间出现冲突，我们绝不能将两者平等地并列。

电视节目讨论人们是否应该给小孩子接种疫苗。节目邀请了一名半生都在进行科学研究的、经验丰富的医生，以及一名愤怒的反对疫苗接种人士，他滔滔不绝地讲述个案来证明接种疫苗存在可怕的风险。两人都有同样多的发言时间，并且在电视上看起来一样大。气候研究者与气候变化否认者、政治学家和阴谋论者、量子物理学家与永动机爱好者肯定都是平等的。

然而，有些假设、主张和论点从出现开始就比其他假设、主张和论点更不可信。对其一视同仁不是公平，而是一个严重的错误。所有人有相同的价值，但所有观点不是。

假设有一个论点的背后是整个学科，该学科有成千上万聪明的研究者。他们可以用大量的实验、研究和专业论文来证明论点的正确性。另一个论点的背后只有一些想法古怪的门外汉在凭空歪曲事实。如果这两个论点平等地出现，我们就会认为这只是双方之间存在意见分歧，并得出结论:"事实可能在两者的中间。我们折中一下吧!"

这听起来是聪明、成熟且理智的做法,但这是错误的。并非每一次的妥协都有意义,事实不总是在冲突的观点之间。我说我的浴室里面住着4只会飞的独角兽。你认为不可能?好吧,那我们相互妥协——我的浴室里住着2只会飞的独角兽。有时,一个论点是正确的,对立论点就必定是错误的。如果有人说,地球是一个圆盘,他可以用微妙的能源治疗癌症,或者他在浴室里藏了一只独角兽,那么他说得不对,不是有点儿不对,而是根本不对。事实与胡说妥协的结果还是胡说。

这当然不代表我们必须将专家神圣化。恰恰相反,不断质疑、批评和反驳专家的意见也是科学的一部分。没有人可以断定自己一定是正确的。我们应该重视专家的意见,但它们不一定是真理。

专家的意见更有分量并不是因为他们更优秀、更高尚和更优越,只不过是因为专家使用了科学方法。

我们认为专家熟悉他们所在领域里重要的科学文献,我们要求他们了解研究现状,我们猜测他们可以凭借自身经验区分可靠的事实和可疑的主张,并根据公认的科学标准进行实验和进行细致的数据处理。只有这样,他们的观点才是有价值的。他们如果做不到,就不是真正的专家。

专家不是个人荣誉,也不是可以别在胸前的勋章。它意味着要始终了解经过检验的事实,掌握接受过测试的方法,以及和精通同一专业领域的其他人保持联系。专家的观点应该与他们所参考的科学一样优秀，也肯定比听从直觉的人的看法更有价值。

科学不存在独行侠

有些人具备科学研究需要的一系列重要天赋：他们异常聪明，并且能够在短时间内看清复杂的东西；他们拥有在适当的时间提出适当问题的必要直觉；他们愿意长时间辛苦工作、接受走弯路，并且能持之以恒地研究直到找到答案。

这些人是重要的，我们应该为他们的存在感到高兴。在这些人中，牛顿、居里夫人、爱因斯坦等数百年来都被视为榜样。人们为其铸造铜像、以他们的名字给大学命名。我们还可以在大学的纪念商店中买到以他们的形象设计的摇头晃脑的可爱装饰品。

不过，我们不能将科学史想成伟大的思想巨人族谱。他们拥有崇高的人格和无可比拟的智慧，在书房里写出神圣的科学著作，然后受到我们的尊敬。

科学进步不是靠每个年代出现一个超级天才产生的。否则我们便可以组织小规模、高强度的精英训练项目来选出一个科学超级明星，以代替我们的大学教育（这样还可以省去一大笔教育投入）。科学进步是通过许多聪明人为许多聪明的问题找到许多聪明的答案产生的。

当然，有些天才的名字永远与伟大的科学思想联系在一起。但是，无数和他们一样聪明的人坐在某所研究机构的一间小办公室里完成扎实的基础工作，他们并没有因此而出名。伟大的科学突破的产生是因为时机成熟，而不是因为一个"科学救世主"诞生了。

牛顿极大地推动了科学发展。然而，他之所以能做到这点，是因为其他人已经收集了大量可靠的天文数据。他使用了前人的数学思想，但他必须独自发展积分学，这个概念此前并不存在。不过，积分学几乎也在同一时间被莱布尼茨创立。即使没有牛顿，我们今天也肯定知道如何求解积分。

达尔文的进化论彻底改变了整个生物学。不过它也不只是一个天才的产出。1858年，当达尔文正打磨他的理论时，他收到了与他有类似想法的自然科学家阿尔弗雷德·拉塞尔·华莱士（Alfred Russel Wallace）的信。于是，达尔文知道，他必须加快速度。他奋笔疾书，在1859年出版著作《物种起源》。达尔文是名副其实的天才，并且他的成果至关重要。不过，如果没有他，如今学校里的老师仍然会教授进化论。只是我们可能会将它称为"华莱士的进化论"。

爱因斯坦无疑是科学界的特例。他富有创造性，他的成就之多令人望而生畏。1905年，26岁的爱因斯坦发表了狭义相对论。同年，他撰写了著名的关于光电效应的论文，这是量子理论的重要基础之一。他后来凭借该理论获得了诺贝尔奖。还是在1905年，他发表了一篇具有划时代意义的有关布朗运动的论文，这是证明物质的原子性和分子热运动的重要一步。这一年，他还发表了一篇关于质量与能量关系的论文，里面出现了那个著名方程$E=mc^2$。

不过，爱因斯坦的想法也不是凭空产生的。在爱因斯坦之前，已经有人写下了相对论中的一些聪明想法。爱因斯坦以更大胆、更极端的方式来阐释它们，并且发展了这些想法。如果没有爱因斯坦，数年或数个世纪后才有人完成相对论，但是总有人会做到。有时，科学突破就像雨云在空中聚集：肯定会下雨，这几乎是不可避免的。但第一滴雨从哪里落下以及落在谁的鼻子上就难说了。

科学史上其他的杰出人物也是类似的情况，从伟大的放射性研究先驱居里夫人到借助伦琴射线解出DNA结构的罗莎琳德·富兰克林（Rosalind Franklin），或者在农业科学取得突破性成果使无数人免于饿死的诺曼·博洛格（Norman Borlaug）。这些人都做出了伟大贡献，我们应该以他们为榜样。然而，科学不只有榜样，也有许多小人物的许多小成就。

这在大型科学项目中尤其明显。2012年，希格斯玻色子被发现引起轰动。人们多年来都在找寻这种粒子。第一批关于"希格斯场"的论文早在20世纪90年代就被发表出来了。但即使是全世界最强大的粒子加速器，在很长时间里也没有证明希格斯玻色子的存在。

在大型强子对撞机被制造出后，检测希格斯玻色子才成为可能。该机器也许是有史以来人们建造的技术最复杂的结构。在法国与瑞士交界处的地下，有一条周长超过26米的环形隧道。一根钢管穿过隧道，钢管内几乎是真空的。微小的粒子在钢管中飞驰，强大的电磁铁（必须用液氦冷却）使粒子保持在正确的轨道上。环形隧道沿线安装了巨型粒子探测器，它们可以提供大量数据，然后由功能强大的计算机进行处理，以确定实际测量到的数据。

要证实希格斯玻色子的存在，需要有来自不同研究领域的无数聪明人。研究合适的探测器，需要实验物理学的聪明人；设计大功率电磁铁，需要有来自工程学的聪明人；从庞大的数据流中筛选出关键信息并储存它们，需要有来自计算机科学的聪明人。有人需要将电线正确地连在一起，有人需要管理氦储存装置，有人需要挖隧道，有人需要保持结构清洁，有人需要在欧洲核子研究中心的食堂准备一日三餐，避免让未来的诺贝尔奖获得者挨饿。

2015年，希格斯玻色子的精确测量结果被公布。文章长达33页，其中只有9页描述了真正的研究工作，其余部分是文章的作者列表，共5154人。但这也有可能只是多年来直接或间接为项目做出贡献的小部分人。

如果用诺贝尔奖来表彰这个成就，谁应该获得奖项呢？最终，彼得·希格斯（Peter Higgs）和弗朗索瓦·恩格勒（François Englert）登上了领奖台。两人在希格斯玻色子被发现的数十年前就已发表了有关该粒子的论文。当然，也有可能是其他人获得这个奖项。

如果诺贝尔奖要为全球最大的科学进步加冕，那么这个奖项应该被授予整个研究学科，而非个人：没有隆重的颁奖仪式，不将金牌授予选出的科学明星，而是为多年来专注于回答某个研究问题的数千人举办盛大的庆祝活动。

不过，我们也可以对诺贝尔奖有不同的看法：它是对我们思索不同寻常的、大胆想法的鼓励。我们可以一生从事研究，不用做出举世瞩目的成就；我们可以勇敢地顺着科学的洪流漂流并踏实地解决一个又一个小问题。这没什么不对，但也无法获得诺贝尔奖。有时，科学研究者必须拥有横向思维。如果诺贝尔奖可以激励一些研究者勇于尝试天马行空的、疯狂的新想法，这对科学来说是非常有益的。当然，大多数天马行空的、疯狂的想法可能会在某个时刻被证明是胡说，提出想法的人肯定与诺贝尔奖无缘。

诺贝尔奖病

不过，诺贝尔奖也有弊端。如果只有比较奇怪的、不合常规的想法才能让人获得诺贝尔奖，按照逻辑，随着时间的推移就会出现越来越多奇怪的、不合常规的诺贝尔奖获得者。认真的、有才华的科学家会在获得诺贝尔奖后沉迷于奇怪的伪科学并兴致勃勃地研究它们。事实上，这种情况一再发生，被称为"诺贝尔奖病"。

一个令人印象深刻的例子是英国物理学家布赖恩·约瑟夫森

（Brian Josephson）。他研究量子效应时才22岁，11年后便凭借该研究获得诺贝尔奖。然而在此之后，他主要靠相当奇怪的想法在公众面前"刷脸"——他开始研究超自然现象、心灵感应、念力和超心理学。

这不应该受到谴责。如果约瑟夫森提供了对超自然现象的科学依据，那么我们可能会激动地再颁给他一次诺贝尔奖。如果他承认无法找到相关依据，那么他至少提供了一份珍贵的、反神秘主义的论据。但两种情况都没有出现，如今约瑟夫森被当作"即使是取得伟大成就的科学家也难以避免沉迷于伪科学"的悲哀例子。

生物化学家凯利·穆利斯（Kary Mullis）在1933年被授予诺贝尔化学奖。他发明了聚合酶链式反应——一种DNA复制技术。它对现代分子物理学具有难以估量的价值。我们在克隆动物、寻找癌症或证明病毒存在时都会使用它。

但穆利斯关于导致艾滋病的人类免疫缺陷病毒（英文简称HIV）的论点就不那么有价值。虽然他从未研究过这种病毒，但是仍然表示HIV与艾滋病完全无关。

从科学的角度来看，这是胡说。HIV与艾滋病的关联性已得到充分证明，并且在"专家圈"里没有争议。诺贝尔医学奖在2008年被授予病毒学家吕克·蒙塔尼耶（Luc Montagnier）等人，以表彰他们发现艾滋病病原体。我们可能会认为，作为HIV的发现者，蒙塔尼耶肯定是艾滋病和HIV研究领域的权威。然而，当蒙塔尼耶此后提出不可被证明的论点，即人类可以通过健康饮食战胜艾滋病而根本不需要药物的时候，他也遭到了许多否定和反驳。

虽然这些看法在"专家圈"里被迅速反驳并招致嘲笑，但是它们对公众来说具有重要意义。一名诺贝尔奖获得者说的话会出现在报刊上，并且肯定会被某个人相信。每个人都会胡说。然而，如果胡说的人获得过诺贝尔奖，他的胡说就有可能造成更大的伤害。

甚至获得两次诺贝尔奖的人都不能做到对伪科学和胡说八道免疫。莱纳斯·鲍林（Linus Pauling）证明了这点。他在1954年获得诺贝尔化学奖，在1963年获得诺贝尔和平奖。这样值得尊敬的人难道不是非常谨慎的思想家吗？完全不是。鲍林在25岁开始研究医学并对维生素产生了奇怪的狂热。他坚信服用维生素可以预防癌症。由此发展出的"正分子医学"从未得到科学证实，属于奇迹治疗师和神秘主义的范畴。

这证明，最聪明的人有时也会出错。因此，个人看法对科学没什么意义，尽管它是某个天才的个人看法。

科学共识比个人看法可靠得多。如果绝大多数专家在某个问题上持相同意见，那么这大概率是正确的。但是，谁又是负责告诉我们绝大多数专家所持意见是什么的专家？这是极其复杂的。没有简单的答案，我们必须逐一检验专家意见的可靠性。

盲目地相信聪明人的看法是愚蠢的。不过，只是因为专家不总是绝对正确的就否定他们的意见，也是愚蠢的。钟表也不总是显示正确的时间。然而，如果我们想要知道现在的时间，还是要看表，而不是向天空挥动魔杖。

第十三章

科学与直觉

为什么我们不该在音乐厅里寻求数学证明?

蜘蛛侠与亚当和夏娃有什么关系?

为什么科学是了不起的?

认为感觉与理智相矛盾的人,也许两者都缺乏。

"欢乐,女神圣洁美丽!"整个音乐厅响起贝多芬《第九交响曲》末的乐章大合唱,但卡尔·弗里德里希·高斯没有感到兴奋。19世纪20年代中期,他被认为是全球最伟大的数学家之一,但他对音乐没有什么兴趣。他之所以来听音乐会,只是因为他的同事兼朋友、酷爱音乐的约翰·弗里德里希·普法夫(Johann Friedrich Pfaff)劝他来。音乐会终于结束后,高斯问道:"这证明了什么?"

我们很难判断这个故事是否真的发生过,或者在这么多年的转述过程中是否失真了。但可以确定的是,贝多芬写《第九交响曲》不是为了宣扬科学真理。想要在音乐厅里获得科学启示的人大都会失望。

　　我们知道可以相信科学，我们还知道可以相信科学的一系列原因：科学研究使用的是逻辑和数学方法，这种方法原则上无法被推翻的。自然科学理论绝不会因为没有提供永恒的完美真理而被否定，因为这本就不是自然科学理论应该具备的特性。科学具有生命力并且在不断地发展。它是我们解决问题的一套工具，而非必须遵守的权威规定。

　　如果作为工具的科学曾被证明有用，那么它将永远有用。从这个意义来说，科学是不可能被推翻的。也许以后会出现更优秀、更准确的理论。然而，这并不意味着，我们今天的世界观会在未来的某个时刻被证明是愚蠢的、错误的或者无用的。

　　科学是一张紧密相连的网，这使得它稳定、可靠且持续。它是一张由观察结果、事实和理论组成的网。它也是由许多聪明人组成的关系网，这些人共同创造出一个人无法产生的想法。我们今天知道如此多可靠的科学理论，但没必要将它们应用到生活的各个领域。有时，科学的可靠性既不必要，也没有意义。我们无法仅靠科学向前发展。

即使我们拥有一个可以完美解释宇宙所有自然力量的万有理论，也还是不知道今晚应该吃什么。即使我们破译了哺乳动物的生物化学机制，详细到分子级别，也还是不知道为什么猫咪的心情不好。即使我们将声学定律、耳朵的生物学特征以及大脑中的所有神经信号进行研究，也无法有力地说服某个人欣赏贝多芬交响乐的伟大。

过于理性也不合理

即使是最好的科学理论也无法帮我们做成某些事。这时，我们别无选择，只能相信直觉。然而，这不能作为反对理性思考或科学方法的论据。恰恰相反，我们拥有无法用数学公式简单描述的复杂的情感和需求，这是一个事实。因此，改变世界观和忽视这些事实是不科学的。只关注生活中理性的一面也是不合理的。

我们需要水、氧气和食物，也需要团体、情感、仪式、传统和文化。只有当我们选出适当的理论、方法和工具思考这些需求时，我们才能懂得这些需求。自然科学没有触及生活的本质问题。自然科学很少告诉我们有关爱、恨或公平的宝贵信息。如果你因此批评科学是不充分和不全面的，那你就没有理解科学的意义。

每个科学模型的适用性是有限的。这是科学的基本规则之一。用物理学说明感觉或礼仪完全没有意义，这并不是因为科学进入了禁区，而是因为我们选择了错误的工具并且违背了科学规则。这不是科学与非科学的碰撞，而是科学规则被打破。

如果有人告诉我们可以用量子物理学解释意识、某种行为方式早已被写进我们的DNA分子里面，或者可以用神经学方法测量公平或自由意志，那么我们应该对此保持怀疑。每个理论都有其应用领域。我们如果把工具用在不该用的地方，就不该对恶劣的结果感到惊奇。用电钻刷牙的人不应该抱怨牙疼。

当然，我们也可以就感觉、社会关系、传统文化进行科学研究。心理学、社会科学和人文科学就是研究这些课题的学科。我们可以研究，为什么随着时间的推移，各种文化的习俗发生了改变。我们可以思考，为什么一段旋律在不同的和弦伴奏下会给人不同的感觉。我们可以研究亲密关系如何影响寿命。

但是，我们必须接受科学理论无法帮助解决某些重要问题。如果我们想要知道今年应该怎么给奶奶庆祝生日，那么我们最好询问她本人，无须翻阅关于生日理论的教科书来找到客观的正确答案。只要有人给我们演奏音乐，我们就会知道自己喜不喜欢它，无须通过科学的音乐分析来得出结论。如果猫咪让我们抚摸它，我们照做便是，无须向兽医寻求鉴定意见，毕竟猫咪有自己的想法。

政治领域也会处理没有明确的科学答案的问题。如果我们用纯粹的科学代替政治，会发生什么呢？我们是否可以建立一个理性的天堂，让全球最聪明的人在这里用精准的数学来分析这个时代的所有重要问题，并告诉我们应该如何行事？这可能很快就会导致灾难。

政治与科学是完全不同的领域。我们甚至不能像建造吊桥那样简单地将治理国家的工作交给专家。通常，政治必须在自由与公平、安全与舒适、少数人的大利益和多数人的小利益之间进行微妙权衡，但进行这些权衡是没有测量工具的。数学公式、物理实验和生物实验无法告诉我们，哪些政治意识形态是正确的。

尽管如此，但好的政治只可能建立在事实基础之上。关键是，科学知识会被政治认可、重视和考虑，但是政治通常决定是受到道德、传统和文化等非科学因素影响的东西。我们需要科学与直觉。它们在政治和许多其他生活领域具有同等地位。

事实不总是正确的

我们是故事的讲述者，这是我们最重要的特征之一。我们不断地创造新故事，关于我们自己的、关于世界其他人的或者关于根本不存在的事物的。有些故事我们只讲给自己听，有些故事我们讲给其他人听，有些故事在讲述过程中完全变了样。并非所有故事都是真的，但是所有的故事都有目的。当我们研究自然科学时，我们会讲述关于物理世界的故事，会讲述关于起源和影响、逻辑关系、宇宙规律的故事。还有一些故事，它们是出于其他目的而被想出来的。区分故事的类型是非常重要的。

有些故事举世闻名，比如蜘蛛侠的故事。彼得·帕克（Peter Parker）是个普通的青年，由叔叔本和婶婶梅抚养长大。一天，在学校组织的外出活动中，他被一只受到核辐射的蜘蛛咬伤。不久，他发现自己的身体发生了变化：他的肌肉变得强壮、感官变得敏锐、身体的控制力和灵活性也大幅提升。

起初，他并不知道该如何使用自己的新技能。他通过拳击表演来赚钱。但最终他意识到，他要用自己的能力让世界变得更美好。"能力越大，责任越大"，这是他的叔叔本告诉他的道理。于是，帕克给自己的生命赋予了新的意义：作为"蜘蛛侠"。他穿着色彩鲜艳的蜘蛛服在城市中穿梭。他从手腕上射出黏稠的蛛丝，从而飞快在空中跳跃，以便尽可能快地到达需要他惩恶扬善的地方。

从科学的角度来看，这个故事里的有些内容过于"离经叛道"。被蜘蛛咬伤不会彻底改造一个人的身体，即便这只蜘蛛受到了核辐射。人类的肌肉不会拥有这样的超级力量，更不会在一夜之间就拥有这样的力量。世界上还没有一种材料可以被直接射到并粘在墙上，然后立即变成一根牢固的绳子，让人可以安全地在马路上空摆荡。

但是，如果有人因为这些错误而批评蜘蛛侠的故事，那他就没有理解这个故事的意义。这就好比在音乐会结束后批评一名钢琴家按了和乐谱不同的琴键。这种情况可能存在，但不是问题的关键。

蜘蛛侠的故事告诉了我们，人们在成长过程中会产生各种困惑，比如身体发生变化、不了解生活的艰难。但是，不知道、不了解是完全正常的。人们一边尝试着弄明白自己想成为什么样的人，一边要学习面对责任。

成长的困惑最终会产生一个重要的认知：每一种天赋、每一种能力（甚至超能力）都会带来道德上的义务。我们要用它来做一些有意义的事情。这无疑是正确的。尽管蜘蛛侠的故事与科学事实相悖，但它也是正确的。

宗教与神话

宗教经文的情况也类似。世上第一个人——亚当是上帝用泥土创造出来的，随后被注入了生命之气。上帝为亚当建造了一个乐园，里面有河流、植物和动物，但作为世界上唯一的人，亚当还是感到孤独，于是上帝创造了夏娃。

对亚当和夏娃来说，乐园里既没有责任也没有罪恶，因为他们根本无法区分好与坏。直到他们吃了树上的禁果，情况才发生改变。他们因此被上帝责罚，被赶出了乐园。从被赶出乐园开始，他们必须体验充满痛苦、艰苦和劳动的生活。

这也是一篇关于如何正确行事的经文。也许我们可以用没有痛苦的童年来理解亚当和夏娃在乐园的经历。童年时期，我们被悉心照料，不需要做任何艰难的决定。也许我们还可以从文化历史的角度来解读这个故事，将它看作对一个古老时代的记忆。那时，人们出发前往更艰苦的地区之前，生活在特别富饶的地区。

但将亚当和夏娃的故事理解为生物学上的事实描述无疑是错误的。世界上的第一个人类是由泥土制成的，这不可能是真的。这个故事被想出来绝不是为了描述可测量的事实。

亚当和夏娃的故事出现在《圣经·旧约·创世纪》的第二和第三章。令人惊讶的是，我们在第一章中看到的是完全不同的创世故事：

世界是在六天内创造出来的。最初，一切都是荒凉和混乱的，只有上帝的灵魂在水面上漂荡。然后，上帝在第一天创造了光，在第二天创造了天空，在第三天创造了土地和海洋。上帝让植物在地上成长，在第四天增加了太阳、月亮和星星，在第五天增加了动物，最后在第六天创造了人。

我们很容易就会发现，这两个故事完全不吻合。是先有人再有植物和其他动物，还是顺序相反？一切都始于一片没有水的荒地，还是一片没有陆地的洪水？有人用科学方法发现，两篇经文由完全不同的人在完全不同的时间写成。亚当与夏娃的故事比后者早几百年。

将两部分拼合的人肯定注意到两者之间存在矛盾，但明显没有把这当作问题。为什么？经文有必要描述可验证的事实，被有逻辑地编织成科学真理之网吗？如果你邀请朋友共度一个漫长的电影之夜，你在选择电影时，肯定不介意它们的内容是相互矛盾的。第一部电影里出现了使用彩色光剑的奇怪外星人，他们被神秘力量赋予了惊人的能力。第二部电影中的外星人没有这种能力，但他们可以从一艘飞船被传送到另一艘飞船。两者不吻合！但是，你的朋友会觉得这两部影片都很不错。

只有对文本的不同类型有所认知，才能理解文本内容。"一名工程师、一名物理学家和一名数学家乘坐火车前往苏格兰。"我们听到这样的话时，就会意识到：这应该是一个笑话的开头，在接下来的三十秒内一定有一个笑点。我们不会询问这三名旅客的姓名、事情发生的确切日期和火车时刻表。这个故事不是为了说明事实。即使关于高斯和贝多芬《第九交响曲》的趣闻被证明是虚构的，它也不会失去意义。

　　这对《圣经》的内容同样适用。"有一个人从耶路撒冷前往耶利哥，遇到了强盗……"这应该是一则寓言。如果有人询问此事和耶利哥的官方犯罪统计有什么关系，他就没有明白故事的目的。故事（不管是不是宗教故事）被创造出来，是为了让我们从象征层面，而非科学层面来理解。

　　我们阅读法律条文的方式不同于阅读科学文献的方式，阅读长篇小说的方式不同于阅读日记的方式。如果一名原教旨主义者宣称某本宗教书籍从头到尾都是纯粹的真理，他便犯下了双重错误。首先，他忽略了大洪水、奇迹治疗和创世纪的故事早已被科学知识推翻；其次，他忽视了这些在科学还不存在的时代就被创造来的神话带有其他的意图。它们不能成为反对科学事实的论据。

　　然而，极其理性的人也会犯同样的错误。他们只因为神话中的内容与科学知识相悖，就认为神话是愚蠢的、矛盾的、毫无意义的。科学知识也不是反对神话的论据，它们只能成为反对"将神话作为事实的观点"的论据。

　　对许多人来说，宗教在许多生活领域扮演重要的角色，这些领域很少涉及精准的科学——宗教满足了他们对礼仪、节日和集体归属感的需求。同样，延续古老的传统会让我们意识到生命不是独立的，它承载了悠长的人类文明史。这能够让我们产生归属感并给予我们情感支持。

　　不过，我们必须注意不要刻意地让旧传统成为这个时代过时的道德标准。毕竟许多过时的道德观念都需要经过艰难的努力才能被消除。

在已有明确科学回答的领域，宗教无法撼动科学的地位。对于地球是否真的在数千年前被上帝创造，人们是否真的能够通过祈祷阻止自然灾难，科学可以给出回答。

科学会带来什么？

有些问题可以用科学事实明确回答，除此之外，所有其他回答都是错误的。有些问题与偏好、情感等主观印象有关。对这些问题我们可以有不同的看法。我们要区分这两类问题。情感不是科学可预见的。但这并不意味着，可预见的科学是没有情感的，这是普遍存在的一个误解。

许多人对科学都有刻板印象，认为科学是有用的机器，用冰冷的精准性将自然界封锁在数字禁区里，从而产出可行的结果。这个结果伴随着无穷多的小数位。我们会想到身穿白色实验服、在黑板上写着让人看不懂的粉笔字的怪人；会想到头发乱糟糟的疯狂教授摇动着奇形怪状的玻璃容器，将剧毒液体从一个玻璃容器倒入另一个玻璃容器，直到液体变色甚至爆炸；还会想到严格的理性主义者，后者认为只有用刀片将新发现的蝴蝶小心翼翼地肢解后，才算能对它做出恰当的分析。科学家都是聪明人！但是他们肯定有这样或那样的毛病！或许他们情感麻木且毫无幽默感；或许他们对科学以外的事心不在焉，会在早上忘记穿裤子；或许他们不善于社交，只能钻研书本而非钻研人？

这都不是事实。科学是由各种各样的人创造的，女人和男人、老年人和年轻人、严肃的人和风趣的人……在科学界，有些人追求精确完美，有些人喜欢创造性的混乱；有些人更愿意和团队一起工作，有些人更喜欢深居简出，独自工作。只有一点是大家都具备的：发现的乐趣。没有人会为了折磨自己而去钻研一个复杂的理论。没有人只是因为公式很困难，就费力去研究它们。人们研究科学是因为它能带来乐趣，是因为认识科学的过程很棒、很美好、很有趣。

然而，许多人从未对科学感到兴奋，甚至都感受不到科学带给他们的改变。数学和自然科学不一定是普及教育的重要部分。没有人会愿意承认，自己就是学不好外语。也没有人只因为童年有吹木笛的糟糕经历，就认为音乐既无用又无聊。不过，如果有人笑着说，他不懂物理，不懂数学，在没有税务顾问的帮助下不敢做五位数的加减法，那他有可能在哗众取宠。

有时，科学的价值被压缩为技术的有用性——科学的确会带来实用的发明。我们可以购买这些发明，这也有益于科学的发展。科学会带来修剪草坪的机器人和遥控车库门。有些聪明人长年都在进行材料研究，这也是为什么如今洗衣机里的微芯片比较便宜。

但技术的有用性是支持科学研究的一个非常薄弱的论据。大部分科学不会创造出我们可以购买的产品。即使一个美观的新工具被发明出来，我们也会争论它能否持续改善生活。植入了电子程序的咖啡机是非常好的电器，但没有它，我们也不会失去什么。亚里士多德肯定不会因为没有无线立体声耳机而感觉生活空虚并哭着入睡。一些技术性小玩意儿只是一些无足轻重的问题的答案。

当然，科学也带来了一些无与伦比的发明，它们不受时尚潮流和消费偏好的影响。当我们用冰箱储存食物防止其变质，乘坐现代交通方式探索世界，住在能遮风挡雨的房子里，饮用干净的水时，我们应该感谢科学让我们享受到几千年前最富裕的皇帝也享受不到的奢侈生活。

得益于现代通信技术，我们现在可以和生活在地球另一端的人交谈。得益于现代医学，我们现在可以治好过去人们口中的绝症。我们比以往任何一代人都活得更好、更健康、更长寿。这些都与曾经作为基础研究的聪明想法有关。尽管如此，但在进行科学基础研究时，没有人能够断言新发现是否会在某个时刻改善人类的生活。唯一可以肯定的是，如果没有基础研究，人类的生活肯定不可能继续得到改善。

最伟大、最具开创性的科学思想的建立并不是因为有人希望开发产品、变得富裕或促进经济增长，而是因为有人通过发现新事物找到乐趣。科学的最大益处就是知识本身。知识永远胜过无知。我们对世界了解得越多，就越能做出明智的决定，只有这样，我们才能成为真正自由的人。自由意味着能够以我们想要的方式生活。如果我们因为没有掌握关键的事实而不知道自己想要什么，我们就无法获得自由。在没有可靠依据的情况下做出决定不是自由，而是赌博。

科学可以打消我们的恐惧。我们如果了解这个世界，就再不是大自然手中的玩物。我们虽然无法阻止地震，但是我们知道它是如何产生的，从而无须自我折磨，担忧这也许是"伟大的克苏鲁"的报复，只有献上祭品才能平息他的愤怒。如果有人告诉我们，我们必须听他的，否则明天太阳将不再升起，我们可以尽情放声嘲笑他。

交响乐无法解决全球饥饿问题，绘画不能治好病人，诗歌不可以防止冰冻。然而，只有蠢人才会认为艺术是无用的。音乐、文学、美术都能产生美。科学也可以是美的。让我们对世界拥有新看法的新理论会像音乐那样让我们感到喜悦。

我们对自然的理解越深刻，就能越强烈地感受到自然的美。在仰望星空的同时思考巨大的脉冲星、黑洞和遥远的行星，能让我们更心潮澎湃。知道一朵花和我们一样都是由原子构成的，能让这朵花在我们的眼中更美。

我们都是科学的一部分

也许支持科学的最重要依据只是我们别无选择。如果我们扪心自问是否应该发展科学，这就像鱼问自己有没有必要游泳，蜜蜂问自己采蜜的艰辛之旅是否真的值得。进化使得一些鸟类拥有有力的喙，让它们可以撬开坚硬的果壳。进化使得我们拥有科学的思考能力，让我们可以解决棘手的问题。

并非所有人都能很好地解决问题。有时，我们会在寻找答案时不幸迷失，就像一只蜜蜂不小心粘在黏稠的糖浆上。但是，提出问题、解决问题、进行研究是我们与生俱来的能力。即便是小孩子也会想要知道爸爸喜欢的花摸起来是什么感觉，胡萝卜泥是否适合作为玩具飞机着陆的跑道，猫咪为什么不喜欢人们把帽子放在它的身上。科学工作也许不总是有意义的，但它是不可避免的。

此外，进化赋予我们紧密合作的能力。我们创造了复杂的语言，让我们可以把想法传达给其他人；我们构建复杂的社会体系，并各司其职；我们与人结交，而这些人又会与我们不认识的其他人结交。所有人类被一张无边无际的友谊、合作和思想交流的大网紧密地联系在一起。

而其他生物则不同。倭黑猩猩生活在个体数有限的群体里，每个个体都相互认识。它们不会组成一张无边无际的网络。黑猩猩没有全球性集体，奶牛不会进行跨族群合作，狼群之间也没有全球性交流。人类的独特之处在于，从城市的形成，到艺术和文化出现，再到现代科学的诞生，一切都是基于一个事实：我们共同生活在一个巨大的社会网中，尽管每个人只能看到这张网的很小一部分。

我们在这张网里进行合作，创造科学——前提是我们彼此交流，并且这种交流不能局限于专业领域，而应该发生在任何地方。以精准的科学语言、数字表格和图表形式发表研究结果还不足够。伟大的想法伴随重大的责任，即与他人分享这些想法的道德责任。如果一个想法可以用更简单的语言表达，就不应该使用高深莫测的术语。没有人理解的想法，再好又有什么用呢？

作为人类，我们可能是已知宇宙中最复杂的生物结构。我们拥有难以想象的奇异特质。宇宙的大部分空间都是荒芜空旷的。星际空间里还没有什么有趣的、复杂的、让人触动的东西被发现。但在地球上，简单的原子相结合，形成了生命。这颗星球上的生命发展出了感情、思想和智力。人类的智力已经发展到可以将整个人类的思想融合在一起。

借助人类的形态，原子可以对原子进行思考，自然规律可以破译自然规律，宇宙可以探索宇宙的奥秘。因此，我们都是科学的一部分，我们可以为它产生的成果感到自豪。科学可能是宇宙史中最伟大的冒险，我们都是这场冒险中的勇者。

我们不需要测量工具，只需要睁开双眼观察这个世界；我们不必创造革命性理论，只需要传承聪明的思想并抛弃愚蠢的观点；我们不需要成为天才，只需要相互交流和进行思考。没有人知道下一个想法会将我们带向何处。每一个产生巨大影响的想法、每一个具有历史意义的灵感闪现、每一个伟大的真理都始于某一天某个人产生的不太糟糕的小想法。

参考文献

是科学还是直觉？
Einstein, Albert: *Über die spezielle und die allgemeine Relativitätstheorie;* Springer Spektrum (2009).
McCausland, Ian: Anomalies in the History of Relativity; *Journal of Scientific Exploration,* 13, 2, 271 (1999).
Kruger, J., Dunning, D.: Unskilled and unaware of it: how difficulties in recognizing one's own incompetence lead to inflated self-assessments; *Journal of personality and social psychology* 77 (6) (1999).
史前科学家和大型猫科动物的故事灵感来自埃里希·埃德尔（Erich Eder）。

绝对正确的学科 & 这句话是错的
Gratzer, Walter: *Eurekas and Euphorias: The Oxford book of scientific anecdotes;* Oxford University Press (2002).
Euklid: *Die Elemente;* Harri Deutsch – Europa-Lehrmittel, 4. Aufl. (2003).
Peano, Giuseppe: *Arithmetices principia, nova methodo exposita;* Turin (1889).
Dedekind, Richard: *Was sind und was sollen die Zahlen?;* Braunschweig (1888).
Hilbert, *David: Die Hilbertschen Probleme;* Harri Deutsch – Europa-Lehrmittel, 4. Aufl. (2007).
Hofstadter, Douglas R.: *Gödel, Escher, Bach;* Basic Books (1979).
Hilbert, David: *Über das Unendliche: Math.* Ann. 95, 161 (1926).
Kanigel, Robert: *The Man Who Knew Infinity: A Life of the Genius Ramanujan;* Washington Square Press (1991).
Russell, Bertrand: *The Principles of Mathematics;* Cambridge (1903).
Whitehead, A. N., Russell, B.: *Principia Mathematica;* Cambridge University Press (1910).
Frege, Gottlob: *Grundlagen der Arithmetik, II;* Verlag Hermann Pohle (1903).
Wang, Hao: *Reflections on Kurt Gödel;* MIT Press (1990).

脏杯子悖论和完美的真理
Fischer, Ernst P.: *Niels Bohr;* Siedler (2012).
Heisenberg, Werner: *Der Teil und das Ganze;* R. Piper & Co. (1969).
Sigmund, Karl: *Sie nannten sich der Wiener Kreis;* Springer Spektrum (2015).
Wittgenstein, Ludwig: Tractatus logico-philosophicus; Suhrkamp (1963).
Simons, D. J., Levin, D. T.: Failure to detect changes to people during a real-world interaction; Psychonomic Bulletin & Review 5,4 (1998).
Klotz I.M.: Great Discoveries Not Mentioned in Textbooks: N Rays. In: *Diamond Dealers and Feather Merchants;* Birkhäuser, Boston, MA (1986).
Nye, M.J.: N-rays: An episode in the history and psychology of science; Historical Studies in the Physical Sciences, 11,1 (1980).
Milne, Iain: Who was James Lind, and what exactly did he achieve; J R Soc Med. 105, 12 (2012). Lind, James: An Inquiry into the Nature, Causes, and Cure of the Scurvy. In: Buck, C. et al.: *The Challenge of Epidemiology;*

Pan American Health Organisation (1988).

Bryson, Bill: *Eine kurze Geschichte von fast allem;* Goldmann (2005).

Wallwitz, Georg von: *Meine Herren, dies ist keine Badeanstalt;* Berenberg (2017).

不确定的不一定是错的

Wiltsche, Harald A.: *Einführung in die Wissenschaftstheorie;* Vandenhoeck & Ruprecht (2013).

Russell, Bertrand: *Philosophie des Abendlandes;* Piper (2004).

Goodman, Nelson: A Query on Confirmation; The Journal of Philosophy, 43, 14 (1946).

Hosiasson-Lindenbaum, Janina: On Confirmation; The Journal of Symbolic Logic, 5, 4 (1940).

Popper, Karl: *Logik der Forschung;* Springer-Verlag Wien (1935).

Wason, Peter C.: Reasoning about a rule; Quarterly Journal of Experimental Psychology, 20,3 (1968).

Wason, Peter C.: On the failure to eliminate hypotheses in a conceptual task; Quarterly Journal of Experimental Psychology, 12 (1960).

Lakatos, Imre: *Proofs and Refutations;* Cambridge University Press (1976).

Keutsch, F. N., Saykally, R. J.: Water clusters: Untangling the mysteries of the liquid, one molecule at a time, PNAS 98,19 (2001).

科学永存，革命万岁！

Kuhn, Thomas. S.: *Die Struktur wissenschaftlicher Revolutionen;* Suhrkamp (1976).

Chalmers, A. F.: *Wege der Wissenschaft;* Springer-Verlag Berlin Heidelberg (1986).

Rechenberg, Helmut: *Werner Heisenberg - Die Sprache der Atome;* Springer-Verlag Berlin Heidelberg (2010).

Bond, Elijah J.: Toy or Game, US-Patent No. 446,054 (1891).

Kopernikus, Nikolaus: *De revolutionibus orbium coelestium;* Nürnberg (1543).

Newton, Isaac: *Philosophiae Naturalis Principia Mathematica;* London (1687).

Einstein, Albert: *Die Grundlage der allgemeinen Relativitätstheorie;* Annalen der Physik, 4, 49 (1916).

Einstein, Albert: *Zur Elektrodynamik bewegter Körper;* Annalen der Physik und Chemie, 17 (1905).

Planck, Max: Vom Relativen zum Absoluten. In: Roos H., Hermann A. (Hg.): *Vorträge, Reden, Erinnerungen;* Springer-Verlag Berlin Heidelberg (2001).

Gallavotti, Giovanni: Quasi periodic motions from Hipparchus to Kolmogorov; arXiv:chao-dyn/9907004 (1999).

Wisniak, Jaime: Phlogiston: The rise and fall of a theory, *Indian Journal of Chemical Technology,* 11 (2004).

Adam, T. et al.: Measurement of the neutrino velocity with the OPERA detector in the CNGS beam; *Journal of High Energy Physics* 2012, 93 (2012).

尽可能简单

Wickert, Johannes: *Albert Einstein;* Rowohlt Taschenbuch Verlag (1972).

Laughlin, Robert B.: *A different Universe;* Basic Books (2005).

如何用事实撒谎？

Bohannon, J. et al.: Chocolate with high Cocoa content as a weight-loss accelerator; *International Archives of Medicine,* [S.I.] 8, 55 (2015).

OFFICE, Editorial: Retraction notice on „Chocolate with high Cocoa content as a weight-loss accelerator "; *International Archives of Medicine,* [S.I.] 8 (2015).

Schoenfeld, J. D., Ioannidis J. PA.: Is everything we eat associated with cancer? A systematic cookbook review; *The American Journal of Clinical Nutrition,* 97, 1 (2013)

致谢

和进行科学研究一样，在创作过程中能够获得一群聪明人的助力非常重要。在此感谢所有为本书的诞生做出贡献的人。感谢他们对本书的讨论、建议，以及校对。特别感谢克里斯蒂娜·比桑兹（Christina Bisanz）、阿图尔·戈尔切夫斯基（Artur Golczewski）、莱因哈特·温克勒（Reinhard Winkler）、斯特凡·唐萨（Stefan Donsa）、雷娜特·帕祖瑞克（Renate Pazourek）、恩斯特·艾格纳（Ernst Aigner）、特雷莎·普罗潘特（Teresa Profanter）和朱迪斯·E.内霍费尔（Judith E. Innerhofer）。